森林观测仪器技术与方法

冯仲科　主编

中国林业出版社

图书在版编目（CIP）数据

森林观测仪器技术与方法/冯仲科主编．—北京：中国林业出版社，2015.12
ISBN 978-7-5038-8100-8

Ⅰ．①森…　Ⅱ．①冯…　Ⅲ．①森林－观测仪器　Ⅳ．①S718.4

中国版本图书馆 CIP 数据核字（2015）第 187811 号

中国林业出版社·教育出版分社

策划编辑：杨长峰　　　　　　　　责任编辑：丰　帆　杨长峰
电话：(010)83143516　83143558　　传真：(010)83143516

出版发行　中国林业出版社(100009　北京市西城区德内大街刘海胡同 7 号)
　　　　　　E-mail：jiaocaipublic@163.com　　电话：(010)83143500
　　　　　　http：//lycb. forestry. gov. cn
经　　销　新华书店
印　　刷　北京北林印刷厂
版　　次　2015 年 12 月第 1 版
印　　次　2015 年 12 月第 1 次印刷
开　　本　787mm×960mm　1/16
印　　张　16.5
字　　数　270 千字
定　　价　40.00 元

《森林观测仪器技术与方法》
编者名单

主　编：冯仲科

副主编：(以姓氏笔画为序)

　　　　宁月胜　杜鹏志　张　序

　　　　官凤英　姚　山　焦有权

前　言

森林是林地、林木、植物、动物及其环境的综合体，是最大的陆地生态系统、全球生物圈中极其重要的一环。当今社会进步，经济发展，城市扩张，工业肆虐，材料燃料消耗剧增，导致森林面积减少，生态环境恶化，出现雾霾现象，严重影响人类健康与生态发展。为实现人类可持续发展，生态文明建设作为第五项重要发展目标写入十八大报告，国家大力开展森林经营、森林资源监测、森林计测等方面的研究，而基于"3S"技术的森林观测为上述内容的研究与应用提供了广阔的前景。

本书所介绍的相关内容是团队18年研究的成果结晶，重点介绍全站仪、电子经纬仪、测树枪等多种仪器的测树原理及"3S"（RS、GIS、GPS）为核心的森林观测技术、林火防控观测技术，实现对包括单木的树高、胸径、材积、树冠表面积、树冠体积，以及林分的胸高断面积、平均树高、株数、蓄积量及生长量、林火等的观测。从观测仪器研发到观测技术创新，从产品专利到软件平台，从实际观测方法到模型应用都进行了说明，详细阐述了笔者多年来在森林观测领域开发的设备和创建的理论方法与技术体系。

本书共分为6章：

第1章　介绍森林观测的主要内容、技术与发展、特点，以及林业信息化的概念和内容；

第2章　介绍测树电子经纬仪/全站仪的立木精测与材积建模技术；

第3章　介绍测树枪的结构组成、工作原理及其在森林观测中的应用；

第4章　介绍航天遥感与数字摄影森林观测技术；

第5章　介绍林火防控监测技术，主要包括"3S"技术、航空摄影测量、地面观测技术和林火精准观测；

第6章　介绍北京地区森林观测试验成果，主要以北京地区活立木材积精测技术及成果进行示范。

本书考虑到相关专业对森林观测的要求，力求做到概念清楚、重点突出、图文并茂；侧重传授专业知识和技能，注重理论联系实际。在编写中参考了大量国内外文献，在此对这些文献的作者表示诚挚的谢意。

同时我们团队博士生、硕士生及有关单位专业技术人员包括徐伟恒、闫飞、毛海颖、曹忠、张凝、赵芳、侯胜杰、杨立岩、于淼、郑帆、于景鑫、丁秀珍、樊江川、郭江、郭欣雨、樊仲谋、李虹、高翔、何腾飞、王伟、高超、黄晓东、杨慧乔、高原、吴记贵、王晓懿、刘芳、祁曼、张琳原、刘明艳、孙微、杨慧、胡戎、李亚藏、杨柳、李亚东、解明星、郭慧敏、冯涛、程穆鹏、蒋万杰参加了相关野外实验、数据分析、报告撰写及相关研究工作，在此表示感谢。

本书出版中获得北京市科委项目"精准林业北京市重点实验室 2015 年度科技创新基地培育与发展专项项目"（Z15110000161596 号）及教育部项目"精准林业关键技术与装备研究"（2015ZCQ－LX－01 号）资助，在此深表谢意。

本书为森林经理学、森林调查学等相关专业的参考书，也可作为农业、林业信息化专业课程的参考教材。

由于时间紧、任务重，加之科学视野和水平有限，对书中出现的任何错误，恳请广大读者批评指正。

冯仲科

2015.2

目 录

第1章 导 论

1.1 森林观测的主要内容

森林是地球上最大的陆地生态系统，是全球生物圈中重要的一环，是地球表面最为壮观的植被景观。森林是林木、伴生植物、动物及其与环境的综合体。森林是可再生自然资源，具有经济、生态和社会三大效益。森林是"地球的肺"。森林能防风固沙，涵养水源，保持水土，净化空气，降低噪音，美化环境，调节气候，防灾抗灾，它是陆地生态的主体。森林为人类提供多种木材、干鲜果品、木本粮油、野生动物、中草药和其他林副产品。随着社会的发展，城市扩张，工矿厂房拔地而起，私有汽车和生活使用的矿物燃料剧增，这些导致森林面积减少、生态环境恶化和空气中有害气体增加。在我国多地出现了雾霾等现象，严重影响着人们的健康与生活。人们开始重视生态环境的保护与建设，以期提高生活质量。

森林资源不仅包括树木资源，也包括林地和生活在其中的动植物和微生物。通过观测森林资源的数量、质量、分布和健康状态，能够及时掌握森林资源现状及消长变化动态，从而为制定相关政策提供决策依据，编制出符合时代要求的森林经营方案。森林是人类生存资源支持系统的重要组成部分，具有分布广、生产周期长等特点，还具有经济、社会和生态综合效益。森林资源监测，是对森林、林木、林地以及依托森林、林木、林地生存的野生动物、植物和微生物的现状及其消长变化情况，以及森林经营管理的各个环节，进行定期的调查、核查检查、统计分析、监督管理的过程(陈火春，2002)。

森林资源监测是林业学科的基础，是森林经营的基础，是森林评价的基础，也是研究全球气候变化的基础。所以，森林资源监测具有十分重要的意义。森林的观测从宏观上有权属、森林生长与收获、林分蒸散量、可及度、生物量、森林蓄积量、土地覆盖、森林健康、野生动物等的观测。

森林计测学在林业及相关学科领域是最基本的学科之一。它用于树木和林分的计测，以及由此所产生的森林信息的分析和森林知识的获取。早期的可持续森林经营的简单计测和评估方法，使林业数据的存取、分析、研究成为可能。20世纪中叶以来，随着对林业调查数据的精准性和全球化要求越来越高，对单木和林分方面的量化信息需求日益增长，由此产生了更多有关林业数据获取和分析的成熟方法。这些方法主要关注于树木和林分生活史中特定时刻特征的量化评估，以及为高效森林经营提供数据支撑。

森林观测为上述观测内容提供技术、方法和工具，它的主要研究内容是在树木和林分生长的全过程中，在给定的时间点为描述树木和林分的特征提供定量的评估。

综上所述，森林观测的主要内容有以下几个方面：

①观测树木和林分的相关因子，包括胸径、树高、断面积、蓄积量、生长量、树皮参数等。

②确定树木的干形、树木年龄和林分年龄。

③确定立木和伐倒木材积。

④测量树冠结构参数和叶片质量。

⑤估测单木和林分生物量及其成分组成。

⑥为林木交易提供林分蓄积量和径阶分布。

⑦评估林木和林分的损害程度(包括森林火灾、虫害病害等自然灾害和人为灾害)和健康状况。

本书中森林观测主要包括单木的树高、胸径、材积、树冠表面积、树冠体积，以及林分的胸高断面积、平均树高、株数、蓄积量及生长量、林火等的观测。实现森林的观测需要相应的仪器与技术，特别是现代化林业的发展，需要精准设备来实现，在本书中介绍了笔者多年来所开发的设备和创建的理论方法与技术体系，作为林业现代化的技术支撑。

本书森林观测主要内容包括全站仪、电子经纬仪测树的技术和原理、测树枪测树技术和原理、以"3S"(RS、GIS、GPS)为核心的森林观测技术以及林火防控观测技术。

电子经纬仪，全站仪，电子测树枪以及GPS，近景摄影测量，航空摄影测量，遥感对林木、林地、森林的观测，构成一个从微观到宏观的天地空立体化自动监测系统(图1-1)。

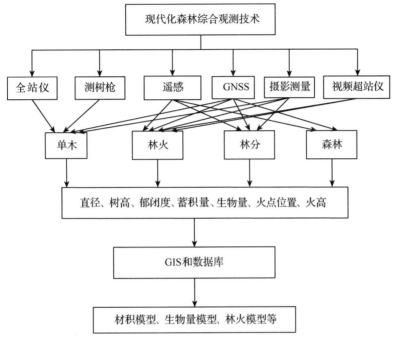

图 1-1 森林综合观测技术体系

1.2 林业信息化概论

信息化是当今世界经济和社会发展的大趋势,是推动经济发展和社会变革的重要力量,信息化发展水平已成为衡量国家综合国力与国际竞争力的重要标志。大力推进国民经济和社会信息化,是我国加快实现工业化和现代化的必然选择,是促进生产力快速发展、增强综合国力和国际竞争力、维护国家安全的关键环节,也是贯彻落实科学发展观、构建社会主义和谐社会、建设创新型国家的战略任务。

1.2.1 林业信息化的基本概念

林业信息化是指在林业各个领域应用信息技术,采集、开发和利用信息资源,促进生态建设、林业产业、生态文化和行政管理的科学发展,带动林业实现现代化的过程。林业信息化是国家信息化的重要组成部分,是现代林业建设的基本内容，也是衡量林业生产力发展水平的重要标志。

林业信息化的内涵主要体现在：从范围上看，林业信息化涉及林业的各个领域；从手段上看，林业信息化是利用现代信息技术；从内容上看，林业信息化是采集、开发和利用信息资源；从目的上看，林业信息化是促进生态建设、林业产业、生态文化和行政管理的科学发展；从本质上看，林业信息化是带动林业实现现代化的过程。

1.2.2　林业信息化战略内容

（1）电子政务与生态领域信息化

发展内容包括 3 个方面：生态保护与建设信息获取的信息化、政府管理的信息化、政府服务的信息化。生态保护与建设信息获取的信息化是林业电子政务建设的基础，发展内容包括移动和智能采集终端、数据中心、共享交换平台、业务应用系统、标准规范建设等，以实现信息采集的现代化、信息管理的规范化、信息利用的快捷化。政府管理信息化的发展内容包括综合办公系统、行政审批系统、公文传输系统、监察审计系统、综合信息监管平台建设等，以实现办公自动化、管理信息化、决策科学化。政府服务信息化的发展内容主要是内外网网站建设，以方便政府部门与社会利用网络信息平台充分进行信息共享与服务、加强群众监督、提高办事效率、促进政务公开等。

（2）电子商务与产业领域信息化

发展内容包括 3 个方面：林农的信息化、林企的信息化、服务商的信息化。林农信息化的发展内容主要包括林产品生产过程的信息化、市场供求信息获取与发布的信息化等。林企信息化的发展内容主要包括企业产品设计的信息化、企业生产过程的信息化、企业产品销售的信息化、经营管理信息化、决策信息化以及信息化人才队伍的培养等多个方面。服务商信息化的发展内容主要是电子商务平台建设及规范运营，如林业网络博览会、各类林业商务网站等。

（3）网络文化与生态文化领域信息化

发展内容主要是围绕生态文化创作、传播、交流、服务等环节，开展信息化建设，为繁荣生态文化提供载体和手段。例如，建设林业网络博物馆、网络电视、网络博览会、网络植树、网络论坛、共享数据库以及开通网络微博等。

（4）电子社区与新林区建设领域信息化

发展内容包括：基于全要素数字地形图、数字正射影像（包括航空、卫星遥感影像)、数字地形模型(DEM)、林区三维景观模型等空间基本信息,结合地下管线、土地、交通、绿化、道路、环境、旅游、人口、工业、商业、电力等与空间位置有关的信息,建立林区基础数据库。在此基础上,建立各种信息管理系统、综合办公系统、监控与决策系统、网站等,促进林区人流、物流、资金流、信息流、交通流的通畅、协调。

(5)信息安全与支撑保障领域信息化

发展内容包括:完善林业信息获取基础设施,如利用遥感、导航、气象等卫星提高林业宏观感知能力,建立林区视频监控网络、多功能传感网络等提高中观和微观感知能力。优化林业信息传输基础设施,如加强新一代移动通信网、下一代互联网、数字广播电视网、卫星通信等设施建设,加强林区宽带网络建设等。建设林业数据中心、灾备中心,推动物联网在林业重点业务领域的应用,加强云计算服务平台建设。推进林业科技、教育、人力资源、后勤服务、装备的信息化。

1.2.3 林业信息化的十大建设内容

(1)林业内外网及综合办公系统建设

加强外网网站改造和整合,打造中国林业统一的对外服务窗口。加强内网平台改造和整合,为行政办公、业务协同等提供强大支撑。在各级林业主管部门全面推广应用综合办公系统,并根据政府职能和业务管理需求的变化不断加以改进和完善。

(2)林业资源监管系统建设

包括森林资源监管系统、荒漠化土地资源监管系统、湿地资源监管系统、生物多样性资源监管系统的建设和完善等,以解决"林业资源分布在哪里"的问题,提高国家对林业资源开发利用的监管能力。

(3)营造林管理系统建设

以实现营造林全过程的信息化管理为主线,建立和完善国家及地方营造林管理系统,解决好"林子造在哪里"的问题。

(4)林业灾害防控与应急系统建设

以提高林业行业灾害应急管理水平为目的,在国家和地方建设森林防火监控与应急指挥系统、林业有害生物监测与防控管理系统、野生动物疫源疫病监测与防控管理系统,在国家和相关省级单位建设沙尘暴监测与防控管理系统。

（5）林权改革管理系统建设

包括集体林权制度改革管理系统、国有林场改革管理系统建设等。建设内容包括林权数据库、林权交易数据库、应用系统等。

（6）林业经济运行服务系统建设

建设内容包括林业单位数据库、林业从业人员数据库、林业产业数据库、林业经济运行监测数据库、林业统计年鉴数据库、林业产业信息交流平台、业务应用系统等。

（7）林业信息资源整合与开发利用

梳理林业信息资源，建立林业信息资源目录体系和交换体系。在此基础上，将各类信息资源有机整合在统一平台上，进行合理开发利用，最大限度地挖掘信息资源的价值。

（8）林业信息化标准规范体系建设

按照行业标准《林业信息化标准体系》的规定，建设内容包括总体标准、信息资源标准、应用标准、基础设施标准、管理标准等。

（9）林业信息安全保障体系建设

建设内容包括物理安全、网络安全、系统安全、应用安全、数据安全、制度保障等6个方面，其中物理安全、网络安全属于安全基础设施。

（10）林业信息化基础平台建设

建设国家级和省级林业信息化基础平台，建设内容为具有基础性、公共性意义的基础设施、数据库、应用支撑、应用系统等。

1.3　现代森林观测的主要技术及其发展

1.3.1　全站仪观测技术

全站仪是一种集测距、测角及数据传输于一体的测量仪器，因其具有高精度、自动记录等功能，已在林业定位工作中得到广泛应用（景海涛等，2004）。电子全站仪由电源部分、测角系统、测距系统、数据处理部分、通讯接口及显示屏、键盘等组成。美国天宝公司于1971年制造了世界第一台全站仪；20世纪80年代，尼康、宾得、索佳等也开始制造全站仪；20世纪90年代，天宝公司推出了全自动全站仪和WIN全站仪；1997年，莱卡公司推出了无棱镜测距全站仪；2004年，拓普康推出1200m免棱镜激光全站仪。而在我

国，全站仪生产的代表为南方测绘公司，1995 年推出 NTS - 202 中国第一台
国产全站仪；2004 年推出智能型 NTS - 660 系列全站仪，它具有绝对编码、
双轴补偿、激光免棱镜测距、WIN 操作系统、高等级防水防尘性能；2007 年
推出免棱镜激光全站仪 NTS - 330R 系列，是国内首台带 SD 卡数据存储 + USB
通讯接口的全站仪；2011 年推出中国第一台高精度自动全站仪（测量机器人）
NTS - 391RLWA，测距精度 1 + 1ppm，测角精度 1″，可自动寻找并跟踪目标。

全站仪具有角度测量、距离测量、三维坐标测量、导线测量、交会定点
测量和放样测量等多种用途。全站仪测树的模型主要有三位前方交会法、三
角高程法和全站仪解析法等。在测点设立全站仪，测量到树干的水平夹角和
天顶距，以及仪器到棱镜的斜距，棱镜的厚度，可以推出树木任意处的直径。
同样，由距离、角度两个测量值可以得到树木任意处的坐标、树高和树木的
材积。此外，还有测树型全站仪—南方测绘仪的 NTS - 372 RLC 型全站仪，该
全站仪使用 Windows CE 4.2 操作系统，提供硬件接口，可进行二次开发。

1.3.2　电子测树枪

电子测树枪是由北京林业大学的冯仲科团队所研制的数字化多功能电子
测树仪，于 2011 年开始研发，目前电子测树枪已发展到第二代，它经过试
验、验证和推广，能够满足森林资源测量精度的需求。它由中央控制单元、
倾角传感器、激光测距传感器、电子罗盘、存储器、液晶显示屏、微型按键、
USB 数据通信接口、电源等硬件组成（徐伟恒，2013）。电子测树枪能够进行
基本测量，包括倾角、斜距、磁偏角的测量。通过激光传感器发射与接收激
光的时间差，再由光速来计算出距离，有反射片时测量范围为 0.5 ~ 100 m，
而由树体自身反射时测量范围为 0.5 ~ 60 m。倾角传感器为微机电系统（micro
electro mechanical systems，MEMS）倾角传感器，生产厂商主要有意法半导体
（ST）、飞思卡尔半导体（Freescale）两家。国内从事 MEMS 研发的单位包括中
电集团电子第十三所、二十四所、四十九所，北京大学，东南大学，上海交
通大学等重点院所。这些厂家生产的产品通过双轴的配合，可以实现 360°倾
角的测量，精度在几秒到 1°之间不等，完全能满足林业测量精度要求。目前
这些产品已经非常稳定，在土木建筑、水文地质、兵器、航空航天、生物医
学等工程技术领域已经开始广泛应用。GY - 26 电路芯片用于测量电子测树枪
到测点的磁方位角。

电子测树枪通过测量出站点到胸径处的距离和倾角 α，以及站点到树梢顶

点的倾角 β，来换算出树高。另外，电子测树枪利用角规原理，设置了 4 种角规开口宽度，对应着 4 种角规断面积系数，绕测一周，统计出相切、相割的个数，从而计算出林木每公顷断面积。此外，利用 3 个基本测量因子可以测量出任意处直径、林分平均高和株数密度，还可测量林分空间结构参数中的角尺度、大小比数、混交度等。电子测树枪的测树模型使用 C 语言编写，然后将程序嵌入微处理器中，这样能够有效地解决过去繁琐的人工纸质记录和手工计算问题。

另外，仪器测量的数据通过 LCD 显示屏显示，使用按键进行操作，锂电池供电，能连续工作 5h，没电时可进行充电。通过 USB 接口与电脑相连输出数据，直接导入内业处理软件，配合内业处理软件功能，可以实现内外业一体化的作业模式。

1.3.3　森林观测"3S"技术

森林，特别是人类居住附近的森林，一直以来受到人类的影响，在树种组成和树龄上显示出极大的复杂性，利用"3S"可以解释这些复杂性。"3S"由地理信息系统(Geographic Information System，GIS)、全球定位系统(Global Positioning System，GPS)、遥感(Remote Sensing，RS)集成的技术。另外，"3S"还有与数字摄影测量、激光雷达技术、专家系统等相结合，形成各种系统。

1.3.3.1　GIS 在林业中的应用

GIS 为收集、预处理不同来源空间数据的系统，它也是能够检索、更新和编辑空间数据的存储和检索系统，此外它还是建模、进行参数估计的数据操作和分析的系统，能将数据以表或图的形式显示。GIS 可以同时存储空间数据和属性数据：空间数据具有拓扑关系，含有确切坐标点的位置；而属性数据记录与此位置有关的信息，如优势树种、龄级、权属、树高、高程、坡度、坡向等。GIS 在林权权属规划中，利用 GIS 显示的地图，可以将林地分配到具体的山头地块。地理信息系统可以记录和保存采伐和营林记录，建立森林资源档案，优化森林决策方案，绘制林相图，进行生态效益评价等。另外，地理信息系统可以监控树木病虫灾害，四川省理县在受汶川地震影响后，理县林业局建立了理县林业有害生物管理地理信息系统，能够监测预警林业有害生物，同时对病虫灾害进行防治，实现数据的查询和分析。此外，在森林清查中，可用 GIS 创建数据库、评估生长量、创建林区缓冲区以及制作林冠密度图、林地覆被图、林区道路图、小班图等专题地图。

1.3.3.2 GPS 在林业中的应用

GPS 是基于无线定位技术的定时、导航系统。现在的全球导航系统 GNSS 主要包括美国的 GPS（Global Positioning System）、俄罗斯的 GLONASS（Global Navigation Satellite System）、欧洲的 Galileo，还有中国的北斗卫星导航系统，另外，还有日本的区域增强系统 QZSS（Quasi – Zenith Satellite System）和印度的 IRNSS（Indian Regional Navigational Satellite System）。

（1）美国的 GPS（Global Positioning System）

美国军方于 1958 年研制的 Transit 系统，只有 5 ~ 6 颗卫星组成。1989 年发射了第一颗工作卫星，1993 年建成 GPS 网。GPS 由卫星星座、地面监控系统和用户接收机三部分组成。卫星星座由 24 颗卫星构成，其中 21 颗为工作卫星，3 颗备用卫星，分布在 6 条轨道上。在地球的任何地方，最少能观测到 4 颗卫星，从 4 颗卫星能计算出地球上的点位。地面监控系统由位于美国科罗拉多州的斯平士的主控站和位于南大西洋的阿森松岛、印度洋的迭戈加西亚岛及南太平洋的夸贾林岛的 3 个注入站所组成，它们对空间卫星系统进行监测、控制，并向每颗卫星注入更新的导航电文。用户接收机为接收、跟踪 GPS 信号的设备，利用接收机产生的本地码与卫星发射的伪随机码进行相关运算，然后通过测量相关函数中最大值的位置来测定卫星信号传播延迟，从而求得卫星到接收机的距离观测值。

（2）俄罗斯的 GLONASS

GLONASS 系统于 1985 年正式建设，2011 年 1 月 1 日在全球正式运行，此系统的组成与 GPS 相似，星座部分由 24 颗工作卫星组成。

（3）欧洲的 Galileo

Galileo 系统主要由欧盟发起，中国、印度、以色列、乌克兰、沙特阿拉伯、摩洛哥也参与了卫星导航系统计划。2005 年 12 月发射第一颗试验卫星，2008 年 4 月 27 日发射了第二颗实验卫星 GIOVE – B，2011 年 10 月 21 日成功发射 2 颗工作卫星，到目前，Galileo 系统仍在建设和完善中。建好的 Galileo 系统将由 30 颗卫星组成，分布在 3 个轨道面上，每个轨道上有 10 颗，轨道倾角为 56°。

（4）中国的北斗卫星导航系统

北斗卫星导航系统［BeiDou（COMPASS）Navigation Satellite System］为我国自主研制的卫星导航系统，2007 年 4 月 14 日成功发射第一颗北斗导航卫星，到 2012 年 10 月 25 日发射了第 16 颗导航卫星，建成后将由 5 颗静止轨道卫星和30颗非静止轨道卫星组成，目前已覆盖亚太地区，到2020年左右，将覆盖全球。

GPS已广泛应用在林业中，主要包括以下几点。

①森林调查中，使用差分技术，DGPS的精度可达到厘米级，这足够满足森林经营管理的要求。

②使用GPS，在森林资源调查时可以实时获得方位角。

③在林火中，消防员利用GPS可以及时向防火中心报告火灾的位置和火情。

④在森林施肥中，可以让施肥设备和GPS同时工作，以使设备准确施肥。

⑤结合电子地图，可以复位固定样地、划分和绘制小班、实时测树等。

⑥规划林区道路，可为林区道路规划和建设提供多种数据，有助于林道选线和定线测量。

⑦确定不同林地权属的边界。

1.3.3.3　RS在林业中的应用

遥感为不与目标直接相接触而对物体进行探测的技术，通过卫星、飞机等搭载的传感器接收电磁波谱，再通过计算机进行处理，获得所需的信息，来达到探测物体的目的。1958年有人使用气球从空中对地面进行摄影，1903年开始航空遥感的第一次试验，在20世纪60年代初遥感才真正发展起来。而在我国，20世纪30年代曾在个别城市进行过航拍摄影，这是我国最早的遥感活动。自1970年4月24日发射"东方红1号"人造卫星后，我国开始发展遥感。常用遥感卫星主要有美国陆地卫星Landsat1～Landsat7的TM和ETM影像、法国SPOT影像、中巴资源卫星的CBERS影像、Quick Bird(快鸟)影像、IKONOS影像、MODIS影像和NOAA影像，它们有不同波谱范围和地面分辨率，其中Quick Bird卫星影像分辨率为0.61m。对影像进行传感器校正、大气校正、地形校正、图像增强、图像判读、图像分类等处理，提取所需信息。遥感主要作用包括以下几点：

（1）获取地面信息

通过人工或计算机识别，可以从遥感图像中提取各种环境信息。通过使用遥感图像建立数字地面模型DTM，从DTM的立体图获取地面物体的平面和空间信息，如坡度、坡向等。美国国家航空和宇宙航行局与美国环境保护局联合资助的HTFIP项目提供全世界热带森林全面覆盖的陆地卫星多光谱扫描遥感图像和TM影像。

（2）森林资源动态监测

使用由 RS 和 GPS 提供的数据，可以用相关分析法来研究森林资源的空间分布及其发展状况。这能为决策者提供对策以调整发展战略，以使森林稳定、繁荣地发展。

（3）林火和灾害监测

森林常常易受到林火破坏，遥感能够预防和减少灾害的发生。像降水、温度一类的天气信息能用来预算和预测易受火灾影响的地区，而这些信息可以由微波遥感和雷达遥感获取，它们能够连续观测而与天气条件无关。同时，当森林受到大面积的虫害、病害时，依靠人工观察往往难以觉察，遥感为森林病虫害多时相、全方位、大尺度观测提供了可能。同时，为灾后损失评估提供了可靠有效的手段。

1.3.3.4 摄影测量在林业中的应用

摄影测量学是利用光学摄影机获取的像片，经过处理以获取被摄物体的形状、大小、位置、特性及其相互关系的一门学科。1953 年，当时的林业部*从苏联聘请林业航空摄影和航测成图技术人员，并购置了飞机，成立了林业航空摄影测量大队。1954—1956 年，完成长白山、张广才岭、完达山、小兴安岭和大兴安岭、秦岭以及西南横断山脉林区的航空摄影，到 1987 年共完成航空摄影 $40.2 \times 10^4 \mathrm{km}$。

摄影测量学可分为地面摄影测量、航空摄影测量和航天摄影测量。用航空摄影进行森林测量有格网法、比较法、立体绘图仪法等，林分面积、郁闭度、林分平均高度、林分生长量、林木株数、林分蓄积、立木高度、冠幅、胸径、立木高度生长量、冠幅生长量等（巩晓东等，2000；李丹，1991；王汝笠，1985；宫鹏，1999）。而近景摄影测量与数码相机相结合，提取单木林分、参数，建立森林照片处理系统。

1.4 与森林观测相关的学科和技术

森林观测既是一项综合的技术，也是一门综合的学科，它涉及多门学科和技术。测树学和森林经理学是森林观测的理论基础，测量学、遥感、GPS和地理信息系统在森林观测中可以进行测量、定位、动态观测以及信息的存

---

* 现为国家林业局。

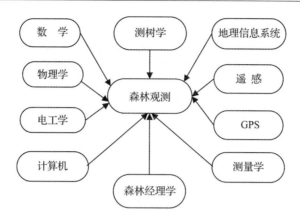

图1-2 森林观测涉及的学科和技术

储。另外，物理学、电工学和计算机等是实现森林观测的技术手段(图1-2)。

要实现森林观测的信息化、现代化，还需将传统的林学与网络技术、多媒体技术、数据库技术、知识发现与数据挖掘、微电子技术、传感器技术以及可视化技术等技术相融合，使得森林观测更加快速、高效和精确。

总之，以森林调查抽样和统计原理为理论基础，结合森林计测学、数学、物理学、机械工程、微电子科学、计算机科学等学科，发展和丰富森林计测仪器的测量原理和技术，研究数字化多功能、易携带、低成本的森林计测仪器及其应用系统，为森林经营和林业生产提供服务。建立我国森林一、二、三类调查信息化平台，实现林业数据共享，对推动我国乃至国际森林资源调查向数字化、信息化、自动化、智能化、一体化、三维化发展具有重要意义。

1.5 现代森林观测技术的特点

随着人们对森林资源的日益重视，森林经营管理已经从过去着眼于木材资源的开发转向注重多种资源的开发，从过去单纯追求经济效益发展到追求社会、经济和生态的多种效益，向可持续发展的方向迈进。新技术的运用是实现森林资源可持续发展的必经之路，在森林资源监测中，现代森林观测技术具有精准化、电子化、自动化、多功能集成化、网络化、智能化的特点。

(1)精准化

使用全站仪、电子经纬仪、测树枪和GPS等设备以及专业的分析软件，对森林实现精准测量和计算。全站仪、电子经纬仪本属于工程测量的精密设备，但是，随着森林观测的精准化要求越来越高，这些精密仪器被引入到森林计测，并在过去的10多年来在森林样地计测、单木测量、小班勘界等过程中发挥了重要的作用。特别是北京林业大学研制的测树全站仪、测树电子经纬仪、电子测树枪等设备，超越了这些仪器本身的测距、测角功能，内嵌的树高、胸径、立木材积程序能直接获得单木的精确参数，为森林精准计测提供了可靠的测量工具。与此同时，随着北斗卫星导航系统和Galileo系统等的完善和对公众的开放度的提高，GPS的精度将进一步提高，而GPS RTK的定位精度达厘米级，在林业测量中得到了广泛应用。随着现代高精度电子芯片和传感器价格的降低，测距、测角的误差将减少。遥感分辨率大幅度提高，波谱范围不断扩大，特别是星载和机载成像雷达的出现，使遥感具备多功能、多时相、全天候能力。GIS绘制显示的地图可以无限放大，在图上精确找到样地。另外，新的测量方法的出现，都使得森林观测越加精确。

（2）电子化、自动化

目前我国林业部分装备和技术手段更新以及工作开展等滞后，多采用机械式设备，手动测量，人力、物力和财力消耗大。电子经纬仪、电子角规、无人机遥感和测树枪等为电子化设备，只要摆设好设备，设定好参数，能自动测量，同时数字化，把模拟信号转换数字量，自动读数、存储和记录，结合后处理软件，还能自动处理、分析数据，以及自动输出结果。

（3）多功能集成化

目前使用的传统仪器大多只能测量一个量，多为胸径或树高，从而得出材积。而现代化森林计测为内外业一体化的系统，像测树全站仪、测树枪和三维激光扫描仪等都能测量多个因子。这些仪器可以不受地形影响，测量距离、树高、胸径然后自动计算出材积，还可以计算出整个林分的蓄积量。

（4）网络化

林业信息化是指采集、开发和利用信息资源。具体地说，林业信息化是采集、开发、利用与林业有关的信息资源。在采集、开发和利用3个环节中，林业信息的采集是开发、利用的基础，也是林业信息化的信息源头，而信息采集的关键是森林观测仪器、设备的信息化和自动化，它是提高信息采集效率、精度的前提和保障。

随着计算机网络技术的发展及测量仪器的智能化，林业测绘技术发生了重大变革，利用PAD、手机、计算机等终端，将测量数据和森林状况等信息通过无线电和网络进行传送共享，用户和决策者将可以浏览空间位置和属性信息，实现云计算和云存储。

（5）智能化

就像开车一样，人们知道在红灯时该停下来，在进入弯道时要打方向盘，在高速公路上车速应该在什么范围内，不能超速也不能过慢，在堵车时将停下来，能够知道去的地方在哪，怎么走。在森林观测时，测树全站仪、测树枪能够判断有无树枝遮拦和判断平地与坡地。将人工智能和专家系统以及"3S"等集成，使系统能模拟人脑思维进行推理，从事智能化的图形处理和信息管理工作，提高工作效率，使森林观测技术向智能化方向发展。

参考文献

陈火春 . 2002. 论森林资源监测在森林经理中的作用[J]. 林业调查规划，27（1）：1 – 3.

宫鹏 . 1999. 遥感生态测量学进展[J]. 自然资源学报，10：313 – 317.

巩晓东，李秀 . 2000. 利用航空遥感相片量算面积的精度分析[J]. 测绘工程，1：42 – 46.

景海涛，冯仲科，朱海珍，等 . 2004. 基于全站仪和 GIS 技术的林业定位信息研究与应用[J]. 北京林业大学学报，26（4）：100 – 103.

李丹 . 1991. 利用航片信息提取林分调查因子自动化的探讨[D]. 东北林业大学硕士论文 .

王汝笠 . 1985. 用航空相片估算林木株数的新方法[J]. 林业科学（3）：74 – 80，118.

徐伟恒，冯仲科，苏志芳，等 . 2013. 手持式数字化多功能电子测树枪的研制与试验[J]. 农业工程学报，29（3）：90 – 99.

第2章 测树电经立木精测与材积建模技术

2.1 概　述

2.1.1 编制材积表的意义

我国的森林资源调查最早始于1950年林垦部组织的甘肃洮河林区森林资源清查。1973年，农林部在湖北省咸宁市召开全国林业调查规划工作会议，提出将林业调查分为全国森林资源清查和宜林荒山荒地清查，森林和造林规划设计调查，伐区、造林、营林作业设计调查，并于1982年正式将我国的森林资源调查分为国家森林资源连续清查、森林资源规划设计调查和作业设计调查3类。国家森林资源连续清查是以全国为对象的森林资源调查，简称"一类调查"；森林资源规划设计调查是以森林资源经营管理的企事业单位和行政县、乡等单位为对象的森林资源调查，简称"二类调查"；作业设计调查主要是为企业生产作业设计而进行的调查，简称"三类调查"。到1983年建立了全国森林资源数据库，以后每5年进行一次全国性的连续清查，1996年开始明确二类调查周期一般为10年。

森林资源调查在原则上要求在指定的区域内对每一株树木进行测量。但是，通常情况下，在林业上是不可能的或者说意义不大的，因为面积广、数量大、耗费的人力物力多，作业困难等各种因素。因此，材积表的建立和抽样理论成为了林业调查的重要方法(冯仲科等，2001)。森林资源调查中，通过立木材积表来求算森林蓄积量的方法在各国已经得到了广泛的运用，这种方法大大提高了工作效率(林辉等，2004)。立木材积表简称为材积表，是根据树干材积与其胸径、树高和干形三要素之间的回归关系编制的。分为一元材积表、二元材积表和三元材积表。一元材积表是根据胸径这一个因子与材积的回归关系编制的；二元材积表是根据胸径和树高两个因子与材积的回归关系编制的；三元材积表则是根据胸径、树高和干形三要素与树木材积的回归关系编制而成的。

2.1.1.1 编制材积表的现状

由于立木材积是逐年变化的，国家每10年进行一次二类调查，都要按要求重新修订材积表。编制材积表时要在本地区、根据一定的抽样原则选择样木，对选定活样木伐倒后做解析，用逐段求积法计算其材积。通常单个林场要抽取200~300株活立木，在中国的几千个林场中，每次二类调查做解析木需要伐倒近30万株优势活立木，这种伐倒性、破坏性试验，耗时费力，破坏了优势木的生长，国内林业部门的活立木采伐审批非常复杂，在大城市地区甚至不予批复，传统的做法难以建立材积表(焦有权等，2013；徐伟恒等，2013)。使用简单工具进行树木量测的过程中，数据的记录方式基本为手工记录。林场按照森林资源调查的要求编写外业数据记录表，外业通过手工记录数据，内业中将数据手动输入至计算机中。整个数据记录的过程颇为繁琐，手工记录数据使得外业工作加大，数据安全性不能得到保障，在外业工作过程中可能会出现数据篡改，测量数据的准确性无法保障；而且数据记录及录入均为手工操作，外业调查过程中机械化、自动化使用程度低。量测的单木因子数据都按照外业数据记录表的格式记录，往往一份同样的测量数据需要在不同的外业记录表格中记录，数据的重复利用率低，无法形成统一方便管理的数据库。

树木由树干、树根、树叶和树枝四部分组成，就木材的利用价值为出发点，树干约占整个树木体积的2/3，根、枝和叶约占1/3左右。所以，精准测量树干的材积具有重要的意义(孟宪宇，2004)。活着的树木，人们称之为活立木；而伐倒后去除根、枝、叶所剩的主干我们称之为伐倒木。但立木材积的测量相对于伐倒木材积的测量无论是从工具上还是方法上都是截然不同的。基本测树因子包括可直接测定的因子及在此基础上派生的因子。可直接测定因子有：树干的直径和树高等；派生的因子有：横断面积、材积和形数等。测定树木直径常用的工具种类较多，相互之间的结构、精度和使用方法也不尽相同。如轮尺(芬兰的弯轮尺、美国毕特莫尔森林学校设计的毕特莫尔测杖、奥地利W·毕特利希按照与毕特莫尔测杖类似的原理设计的扇形叉、瑞典自记轮尺、自记纸带轮尺、SMR计算化轮尺)、卷尺、钩尺，一般需要与被测量树木直接接触，中国森林调查中使用最频繁的为胸径卷尺，携带方便操作简单、获取数据精准直接，但因很多活立木所处的崎岖的森林地形，使得接触式测量变的非常困难(何诚，2013)。

传统测定树高的工具有：①布鲁莱斯测高器(德国人发明，中国最常用的测高器),这个仪器配套皮尺,选出距离目标树木水平方向必须等于整数(10m、15m、20m、30m)的距离,然后相应的距离设置仪器,瞄准树梢根据三角形原理测量出树高。在这个过程中,地形起伏的影响、水平皮尺读数的误差、肉眼树梢判别的误差使得使用布鲁莱斯测高器测量出的树高,稳定性不高,精度满足不了精准林业的要求。②韦塞测高器,又称为圆筒测高器,该仪器在被测量树木处于水平的地形的时候,量测的精度高,斜坡的时候精度相对低一点。③克里斯屯测高器,这种测高器不需要量测测点与被测树木的水平距离,只根据贴近树木旁边的标杆(一般2m或者3m),反算出树木的高度。④桑托测斜器与PM-5型桑托测高器,该测高器是由芬兰人发明制造的,是根据三角术原理测高的仪器。⑤阿布尼水准器,美国最常用的三角术测高器,安装在长度约为15cm的视管上,上面刻有度数、坡率。⑥超声波测高器,一种近代发明的测高器,其可测量树木的高度、测量者与树木距离、角度和坡度等,根据三角函数反算树木高度。测胸高断面积工具有:林分速测镜、DQW-2型望远测树镜和棱镜角规等。

传统测材积工具有:测容器。根据阿基米德定律研发而成,圆桶直径为0.5m,高1~1.5 m,盛满液体,当放入树木时,计算液体上升的刻度。一般该测量材积方法精度最高,但成本太高,操作繁琐,只适合在科研中应用,难以推广到实际林业生产中。综合性测树工具,以测定树干上部直径为主要目的的测树仪器有如下几种:DQL-1型测树罗盘仪、惠勒五棱镜轮尺、TGC-300型光学测树仪、FP-15型测树仪。这些仪器大多数结构较复杂、体积笨重,在森林资源调查应用上并不常见。

2.1.1.2　无损材积表编制技术产生的背景

随着科技的不断进步,测量仪器的快速发展,20世纪的20~30年代出现了全站仪等高精度电子光学仪器。全站仪能集测距、测角及数据自动化处理于一体。除此之外,全站仪还能通过内部加载程序进行平距、斜距、高程、高差、坐标采集、坐标放样等计算及测量。在国外,全站仪早已普遍应用于森林调查中,通过全站仪精确测量树木各处的树高、胸径、冠径等基础单木因子。在我国,全站仪的普及使用主要在20世纪70年代,当时全站仪主要应用于工程测量等方面,冯仲科教授提出全站仪活立木精测的方法,使得全站仪等高精度电子光学仪器开始在林业生产调查中使用(冯仲科等,2003)。北京林业大学测绘与"3S"技术中心团队每年都会在校内和校外做大量的实验,有关全站仪和电子经纬仪等精密测量仪器用于测树的理论和方法不断得到提升和发展。Zaman 等应用地面三维激光扫描系统进行样木数据的采集，并通过二维 Hough 变化法进行测树因子的数据提取、测算大都通过叶面积指数等方法或根据树种的冠形方程来获得，基本上属于半自动化模式，所需要的一些原始数据如树高和树冠直径、第一活枝高度及树种等必须通过遥感影像的判读和外业的实地采集获取，工作量大、过程繁琐，无法应用于实际生产工作中。

立木生长受树种、年龄、立地条件和经营措施等诸多因素的影响，其树干形状变化较大，因此，对于林业部门日常经营和管理来说，精确测定某株单木的实际用途并不大，但是对于森林资源抽样调查中采用标准木法测量样地蓄积量来说，总是希望能将代表样地平均水平的标准木的测定精度尽量提高。传统调查方法中，标准木调查方法是将其伐倒、解析，进而计算其材积，这样做不仅工序繁琐、效率低下，而且将对森林造成破坏，并形成不必要的材积损失，有悖于当前的森林可持续经营政策。

随着免棱镜全站仪的出现，以及悬高测量、坐标测量及对边测量等程序的设计加载，使得全站仪能准确观测任意高度处树木的直径和高度，通过获取每个截面的直径和高度值可以精确计算出立木材积。而且使用全站仪进行单木量测的过程中所有的数据都是存储在全站仪的存储卡中，测量数据自动采集、自动存储，在内业过程中以电子数据格式与计算机进行交互，通过程序能计算出单木的材积、树高等单木因子。这样的数据处理程序能保证测量的原始数据不会被篡改，通过计算机导入基本单木因子，一次导入能提供给各种程序，不需要像外业数据记录表的形式对数据进行重复操作。使用全站仪等高精度测量仪器进行单木量测在国外的应用已经非常的广泛。

使用高精度的测绘仪器——全站仪或者电子经纬仪进行单木精准监测后，一方面可以将监测精度大大提高，同时，整个监测过程不需要直接接触被测木，不会对其产生任何损伤，实现了单木的无损测量（王小昆，2005）。

与传统方法相比，这些方法精度虽很高，但仪器笨重、价格昂贵、操作费时等特点使其在具体的生产实践中难以广泛应用。为了实现对树木高精度无损体积测量，并以计算机的模拟计算代替复杂的人工立体量测，冯仲科等人曾对全站仪测量立木材积进行过深入研究。电子经纬仪无损立木精测技术是冯仲科在全站仪测树的基础上对其进行改进，与全站仪相比，电子经纬仪价格低廉、更轻（便于携带）、更易于操作、精度略低但亦可达到精度要求。

2.1.2 原理、仪器、技术方法

2.1.2.1 测量仪器与原理

该方法使用的仪器型号为南方电子经纬仪 DT-02，如图 2-1 所示，电子经纬仪由水平测量、垂直测量和自动垂直指标三大部分组成。为建立一个统一的角度原点，必须保证竖轴、横轴和望远镜视准轴三轴交心，电子经纬仪具有操作方便，测定水平角及天顶距和现场处理功能加强等特点。南方 DT-02 电子经纬仪主要有以下几个特点：①自动垂直补尝器和系统液体电子传感器水泡补偿，分辨率 3″，放大倍率 30 倍；②数据输出接口 RS-232C；③仪器重 4.3kg，可连续工作 10h。

图 2-1 南方电子经纬仪 DT-02

2.1.2.2 电子经纬仪与树干 1.3m 处树心距离的求算模型

如图 2-2 所示，先通过胸径尺量测得到 1.3m 处胸径 R_0，在站点 A 利用电子经纬仪观测树干 1.3m 处左右两侧得到水平夹角 α，由于 A 到树干两侧的线与圆相切，且实线圆与虚线圆是同心圆，即使实线圆与 A 不在同一平面内，根据电子经纬仪的测量原理，仍然可以找出一个与之等大的虚线圆与 A 在同一平面内，这样就可以利用三角函数公式求出。

$$S = \frac{R_0}{\sin\dfrac{\alpha}{2}} \tag{2-1}$$

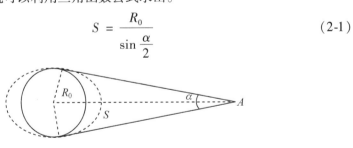

图 2-2 求算电子经纬仪距树木距离原理

2.1.2.3 平距所观测处树干直径及树高求算模型

（1）平距所观测处树干直径及树高求算模型

如图 2-3 所示，电子经纬仪到目标树的平距 L、所观测处树干直径 D' 和树

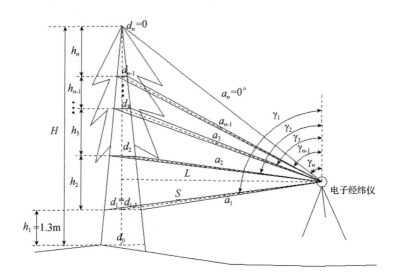

图2-3   求算观测处树干直径及树高求算模型原理

高 H 的计算公式如下：

$$L = S \cdot \sin\gamma \tag{2-2}$$

$$D = 2L\sin\frac{\alpha}{2} \tag{2-3}$$

$$H = L\left[\tan(90° - \gamma_n) - \tan(90° - \gamma_1)\right] + h_1 \tag{2-4}$$

式中 α——树干直径的水平夹角；

   γ——观测目标的天顶距；

   h——每一段分段高度。

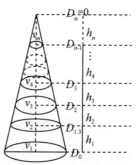

图2-4   树干材积的求算模型

（2）树干材积的求算模型

如图 2-4 所示，本文是将树干看成圆锥体并按区分求积法对树干进行解析运算，树干的体积就是数个圆台和树干顶部圆锥体体积之和。圆台的体积公式为：

$$V_{圆台} = \pi h (D_{上}^2 + D_{上} D_{下} + D_{下}^2)/12 \tag{2-5}$$

式中　$V_{圆台}$——圆台体积；

　　　h——圆台高；

　　　$D_{上}$——圆台上底直径；

　　　$D_{下}$——圆台下底直径。

则所测的一棵完整的树的树干材积 V

$$V = V_1 + V_2 + \cdots + V_n = 1.3\pi h_1 (D_0^2 + D_0 D_{1.3} + D_{1.3}^2)/12$$
$$+ \pi h_2 (D_{1.3}^2 + D_{1.3} D_2 + D_2^2)/12 + \cdots + \pi h_n \cdot D_{n-1}^2/12 \tag{2-6}$$

其中，树干的底部直径 D_0 及树干 1.3 m 处直径 $D_{1.3}$ 是通过实地量测获得，D_2、D_3、$\cdots$、D_{n-1}、D_n 是通过电子经纬仪观测树干获得的数据根据本文所列几个数学模型经过计算而得。所以，如果只利用电子经纬仪再结合内业的计算，那么获得一棵树的材积的过程将会变得相当繁琐。由于计算每棵树的模型都一样，编程人员开发出一款可以计算材积的软件，所以这种电子经纬仪测树的方法很简便。

2.1.3　技术方法

2.1.3.1　外业采集

步骤一：采用随机抽样的方法，选取不同立地条件、不同径阶、不同树种的样木进行观测。

步骤二：电子经纬仪无损立木材积测算方法。

（1）选择合适立木

树木主干通直，无明显的弯曲，垂直于地面，这样才可以保证树高测量准确，没有弯曲或倾斜所导致的观测角度误差。

树木有明显的主梢，没有过大的侧枝影响，这样可以保证所测得材积准确，观测过程不容易受到侧枝视线影响。

胸径要尽量圆，以减小测量中的主观误差，一些类椭圆形、三角形、方形的胸径处树木要避免选择。

（2）选择仪器安置地点

仪器安置位置与所观测树木距离应在该树树高 1～1.5 倍之间合适，这样可以保证仪器的观测角度适中，便于观测者观测的稳定性。

仪器应选择在视线通视的情况下，由于林区作业调查遮挡现象比较严重，为了准确获取数据，应选取可以整体看到观测树木的地点进行安置仪器。

在一些山地坡地进行测量时，一般选择在坡上对坡下进行观测的原则，也是为了方便观测者的观测角度，当遇到大风（4 级以上）、降雨等恶劣天气时，为保证仪器安全和数据可靠，应暂时停止观测。

（3）测量记录地径及 1.3m 处胸径

对于胸径测量，要测量 3 次以上，取平均值，提高精度。

（4）选择观测的树干位置

根据树高估值，一般将树木分为 6～10 段进行测量，大约在 1.5～2m 为一段，该选择经过实验总结所得，既可以保证精度又不会使工作量过于繁重。

在每段逐步向上测量过程中，选择可以清楚通视的树干为观测点，避开树木的节疤及分权部分，保证观测精度。

（5）两站式方法测量

利用两站式方法观测也可以尽可能减小树木不圆所引起的误差，即两站观测点与树木夹角为 90°，测量结果取平均值，使得测算结果更为精确如图 2-5 所示。

① 测站点一材积观测。观测目标（天顶距、水平夹角），观测顺序（从树根观测根部天顶距，1.3m 处观测 1.3m 天顶距与水平夹角，至树高依次找能看见树干水平两边的位置观测各点天顶距与水平夹角），如图 2-6 所示，并记录数据。

②测站点一树冠体积。观测目标（天顶距、水平夹角），观测顺序（从左侧第一活枝枝下高开始从左往右顺时针依次观测），并记录数据。

数据记录格式

序号	夹角	天顶距
1	358°03′52″	89°42′57″

③测站点二观测步骤同测站点一观测，图 2-6 为实地观测照片。

2.1.3.2　立木材积内业计算

活立木材积的各项计算主要通过活立木计算软件来进行，其中图 2-7（a）

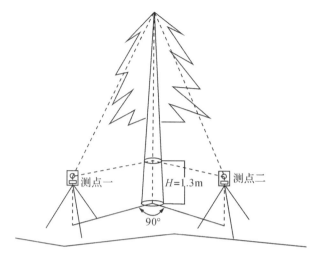

图2-5 电子经纬仪架站方式示意

(a) (b)

图2-6 现场工作照

是软件处理全站仪测量数据界面；图2-7(b)是软件处理电子经纬仪测量数据界面；图2-7(c)软件处理树冠体积测算数据界面；图2-7(d)树木材积测算数据界面。

2.1.3.3 软件简介

本软件使用 C#语言，在 visual studio2010 中对使用电子经纬仪外业采集的单木的各处天顶距和树干夹角进行计算，最终得到目标树木的树高和材积，实现了无伐倒立木精准测量的功能。

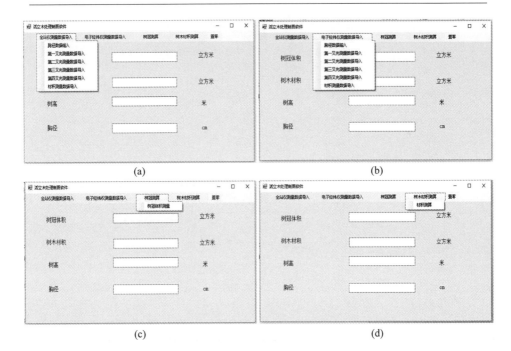

图 2-7　活立木处理软件界面

(a)处理全站仪测量数据界面　(b)处理电子经纬仪测量数据界面
(c)处理树冠体积测算数据界面　(d)树木材积测算数据界面

2.1.3.4　运行环境

（1）数据库环境

本软件正常运行应在 SQL Server 2008 及以上数据库运行环境。

（2）软件

Microsoft . NET Framework 是用于 Windows 的新托管代码编程模型，用于构建具有视觉上引人注目的用户体验的应用程序，实现跨技术边界的无缝通信，并且能支持各种业务流程，本软件要求在 . net framework 3.5 及以上版本运行。

（3）使用步骤

①数据传输。电子经纬仪的具有自动储存角度原始数据的功能，并可通过 USB 接口与计算机相连，传出数据，数据保存为 . dat 格式，可用记事本打开。如图 2-8 所示，其中 1011645 是指 $101°16'45''$，同理 0001606 是指 $16°06'$，其他依此类推。

L03060201 - 记事本
文件(F) 编辑(E) 格式(O) 查看(V) 帮助(H)
1011645
0001606
0980657
0001434
0943628
0001243
0901707
0001057
0862348
0000916
0824940
0000720
0792949
0000402
0763818
0000000

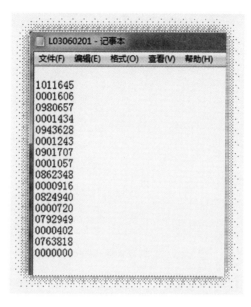

图 2-8 电子经纬仪传出角度数据格式

②数据整理。将每一棵树的数据按照编号断开并单独整理成 TXT 文档，并将相应的胸径和地径数据一起整理成 TXT 文档，如图 2-9 所示。

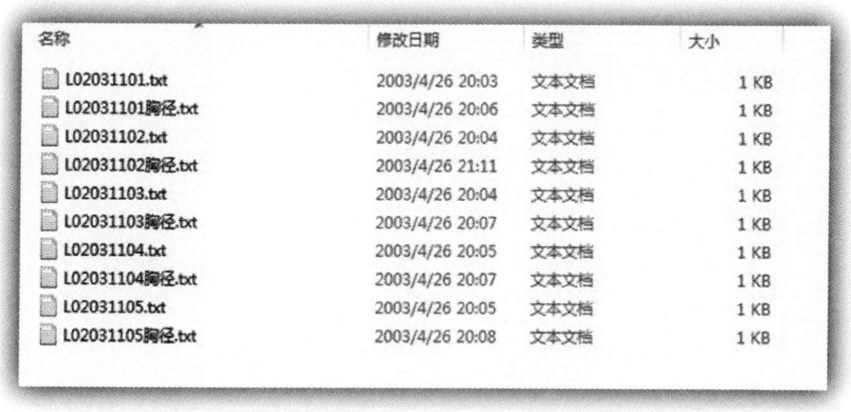

名称 修改日期 类型 大小
L02031101.txt 2003/4/26 20:03 文本文档 1 KB
L02031101胸径.txt 2003/4/26 20:06 文本文档 1 KB
L02031102.txt 2003/4/26 20:04 文本文档 1 KB
L02031102胸径.txt 2003/4/26 21:11 文本文档 1 KB
L02031103.txt 2003/4/26 20:04 文本文档 1 KB
L02031103胸径.txt 2003/4/26 20:07 文本文档 1 KB
L02031104.txt 2003/4/26 20:05 文本文档 1 KB
L02031104胸径.txt 2003/4/26 20:07 文本文档 1 KB
L02031105.txt 2003/4/26 20:05 文本文档 1 KB
L02031105胸径.txt 2003/4/26 20:08 文本文档 1 KB

图 2-9 电子经纬仪数据整理格式

③输入计算。将一棵树的数据 TXT 文件和相应的胸径和地径的 TXT 文档，导入软件计算，就可以马上得到材积和树高。开发的自动求算立木材积软件界面如图 2-10 所示。

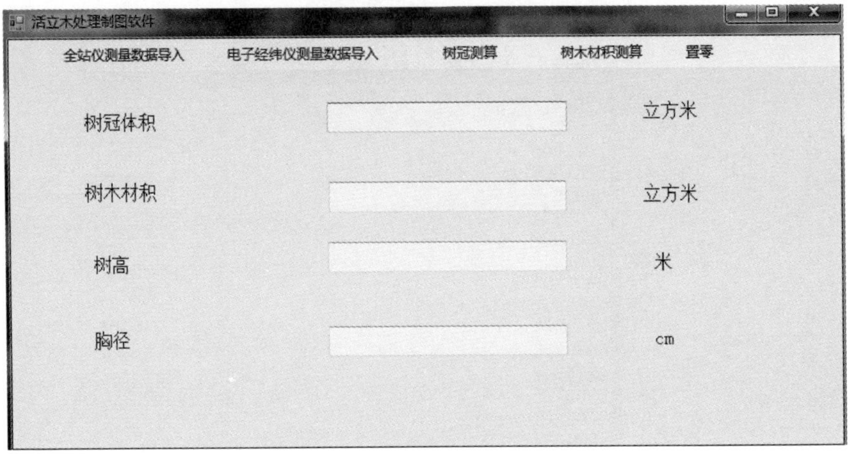

图 2-10　求算立木材积软件界面

点击"电子经纬仪测量数据导入"菜单后，出现下拉菜单，依次点击"胸径数据输入"和"材积测量数据输入"，导入外业量测的地径数据、胸径数据、电子经纬仪量测的树干夹角和天顶距数据，最后点击"树木材积测算"菜单，计算出目标树木的树高和材积，如图 2-11 所示。

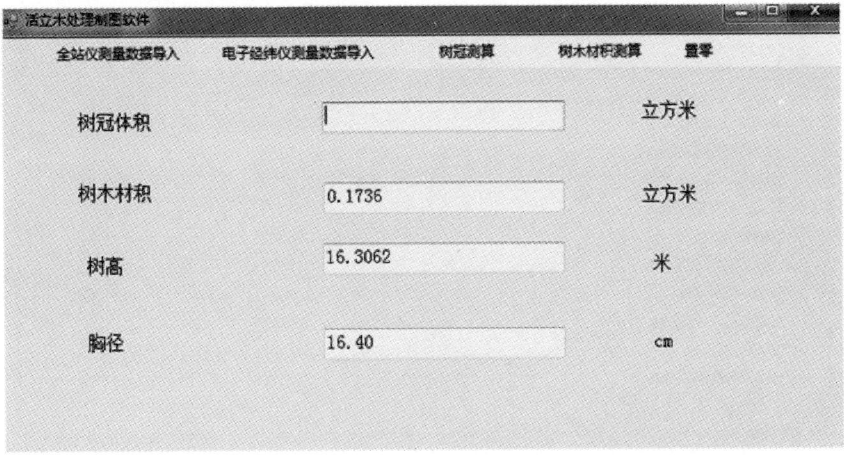

图 2-11　利用立木材积软件求算材积和树高界面

2.2 立木材积模型研建

2.2.1 建模样本整理及异常数据剔除

在采集的样本数据中，难以避免存在一些异常数据，一般异常数据是指偏离大部分数据分布规律的个别数据。这些异常数据对模型选择的影响很大，可能会导致对客观规律的歪曲。如果没有对异常数据进行处理，将可能导致选用错误的模型。但是，错误删除数据也会导致模型的应用性降低。在以往一些研究中，有少数学者为了提高数学模型的拟合优度提高林业数表编制效果，将一些与平均值有所差异但属于正常范围的样本作为异常数据予以剔除，过度删除的数据容易造成样本偏离所代表的总体。

2.2.1.1 异常数据剔除办法

（1）散点图法

根据样木测定结果，在有一元立木材积表时，在直坐标系中，分别绘制地径（横轴）与胸径（纵轴）的散点图、胸径与立木材积的散点图、地径与立木材积的散点图以及地径对胸径的比值与立木材积的散点图。在有一元立木材积表、没有测定立木材积时，可只绘制地径（横轴）与胸径（纵轴）的散点图。观察各样本数据在各直坐标系中的分布状况。如果，某一个样本明显偏离于其他样本，或少数样本偏离于其他绝大多数样本时，则该样本或少数样本为异常样本。

（2）3 倍标准差法

以径阶为单位，计算各个径阶的平均材积、材积标准差。以平均数减 3 倍标准差、平均数加 3 倍标准差为区间。当径阶内的样木材积位于该区间之外时，则该样木为异常样本。

2.2.1.2 异常数据剔除原则

①对各异常样木进行检查，分析原因，是否错测误测或记载错误，还是确实异常等，根据检查结果进行处理。

②对于错测、误测的样木应进行改正，无法改正的应予以剔除。

③当某样木在两种方法中均显示为异常时，应予以剔除。

④在散点图法中，样木在各散点图均出现异常时，应予以剔除。

⑤对于其他异常数据，应进行详细的分析，并采取慎重原则，尽量予以

保留。

2.2.1.3　如何判断样本有效性

①当异常数据剔除数量小于样本总数的 5% 时，则样本有效，可以作为编制地径材积表的样本。

②当异常数据剔除数量等于或大于样本总数的 5% 时，则样本无效，不能作为编制地径材积表的样本，需要重新采集。

2.2.2　相容性材积模型建立方法

二元立木材积表一般都是采用山本式；一元立木材积表与二元材积表之间通过树高胸径回归模型建立相关。树高胸径回归模型的形式很多，根据研究本次选用幂函数、抛物线、理查德方程 3 种；地径一元表与胸径一元表之间通过地径胸径回归模型建立相关。地径胸径回归模型的形式一般为简单的线性方程，此处选用基本线性方程和截距线性方程即可。

根据山本二元材积式、3 种树高胸径回归模型和 2 种地径胸径回归模型，组合成以下 4 种联合估计方案（曾伟生）：

$$\hat{D}_0 = a_0 D, \quad \hat{H} = b_0 D^{b_1}, \quad \hat{V} = c_0 D^{c_1} H^{c_2} \tag{2-7}$$

$$\hat{D}_0 = a_0 + a_1 D, \quad \hat{H} = b_0 D^{b_1}, \quad \hat{V} = c_0 D^{c_1} H^{c_2} \tag{2-8}$$

$$\hat{D}_0 = a_0 + a_1 D, \quad \hat{H} = b_0 + b_1 D + D^{b_2}, \quad \hat{V} = c_0 D^{c_1} H^{c_2} \tag{2-9}$$

$$\hat{D}_0 = a_0 + a_1 D, \quad \hat{H} = b_0(1 - e^{(-b_1 D)}), \quad \hat{V} = c_0 D^{c_1} H^{c_2} \tag{2-10}$$

式中　D——胸径；

　　　$\hat{D}_0$——地径模型预估值（cm）；

　　　$\hat{H}$——树高模型预估值（m）；

　　　$\hat{V}$——材积的模型预估值；

　　　a_i、b_i、c_i——模型参数。

对于式（2-7）~式（2-10）的求解，采用误差变量联立方程组方法，其中 D 作为无误差变量，$\hat{D}_0$、$\hat{H}$、$\hat{V}$ 作为误差变量。由于立木材积数据普遍存在着异方差性，在求解模型参数时必须采取措施消除异方差的影响。这里采用非线性加权回归方法，材积方程的权函数根据其独立拟合的方程确定。即根据独立拟合的二元材积方程的方差建立权函数 $\omega = 1/f(x)^n$，其中 $f(x)$ 是指按普通最小二乘法独立拟合的二元材积方程的残差平方与 x 之间的幂函数关系式。

2.2.3 精度评价方法

指标计算公式相同但叫法不同,如平均百分标准误差和平均相对误差绝对值的内涵就完全一样;而且对于"误差"和"偏差"也经常混用。作为模型拟合优度的评价指标,一般叫误差比较合适;只有当误差系统偏大或偏小时,才称模型存在偏差。查询和综合考虑各种因素,在立木材积模型评价和比较时,本次选用曾伟生、唐守正(2011)提倡的决定系数(R^2)、估计值的标准差(SEE)、总相对误差(TRE)、平均系统误差(MSE)、平均预估误差(MPE)和平均百分标准误差($MPSE$)、变动系数(CV)等 7 项指标作为基本评价指标。

决定系数(R^2):

$$R^2 = 1 - \sum (y_i - \hat{y}_i)^2 / \sum (y_i - \bar{y})^2 \tag{2-11}$$

估计值的标准差(SEE):

$$SEE = \sqrt{\left(\sum y_i - \hat{y}_i \right)^2 / (n - P)} \tag{2-12}$$

总相对误差(TRE):

$$TRE = \sum (y_i - \hat{y}_i) / \sum \hat{y}_i \times 100 \tag{2-13}$$

平均系统误差(MSE):

$$MSE = \sum (y_i - \hat{y}_i) / \hat{y}_i / n \times 100 \tag{2-14}$$

平均预估误差(MPE):

$$MPE = t_\alpha \cdot (SEE / \bar{y}) / \sqrt{n} \times 100 \tag{2-15}$$

平均百分标准误差($MPSE$):

$$MPSE = \sum (y_i - \hat{y}_i) / \hat{y}_i / n \times 100 \tag{2-16}$$

变动系数(CV):

$$CV = (SEE / \bar{y}) \times 100 \tag{2-17}$$

式中　y_i——实际观测值;

　　　$\hat{y}_i$——模型预估值;

　　　$\bar{y}$——样本平均值;

　　　n——样本单元数;

　　　P——参数个数;

　　　t_α——置信水平 α 时的 t 值。

在这 7 项指标中,R^2 和 SEE 是回归模型的最常用指标,反映了模型的拟合优度;*TRE* 和 *MSE* 是反映拟合效果的重要指标,二者都应该控制在一定范围内(如 ±3% 或 ±5%),趋于 0 时效果最好;*MPE* 是反映平均材积估计值的精度指标;*MPSE* 是反映单株材积估计值的精度指标。除此之外,拟合好的模型还要求参数稳定(参数估计值的 *t* 值大于 2 或变动系数小于 50%)、残差分布随机(各径阶的残差正负相抵,以 0 为基准线上下对称分布)。

当利用检验样本进行检验时,通常只需计算 *TER* 和 *MSE* 这两项指标。正常情况下,检验样本的总相对误差 *TRE* 应该小于所建模型的平均预估误差 *MPE*。另外,根据《林业专业调查主要技术规定》,立木材积表的系统误差一般不得超过 ±3%,如果 *TER* 和 *MSE* 均不超过 ±3%,则认为材积模型是适用的。

2.2.4　算例

本试验以北京平原地区观测毛白杨为目标,选择标准木作为建模样木,选择范围包括北京市所有区县。标准木的选择采用随机取样的原则,选取不同径阶、不同树高的样木。将样木划分 2cm 为一径阶,统计径阶树高变化范围,并在同一径阶内根据高径比变化分别按比例选择一定数量的高径比大、中、小的样木。选择样木的同时,使用南方测绘生产的电子经纬仪 DT – 02 观测。

2.2.4.1　数据整理与检验

试验于 2013 年 2 月 28 日至 2013 年 4 月 1 日进行。对获取的 616 组胸径—地径—树高—材积样本进行错误数据和异常数据检测后作为建模样本。样本按胸径—地径—树高—材积 4 项因子的主要统计指标见表 2-1。

表 2-1　建模样本统计指标

统计指标	胸径(cm)	地径(cm)	树高(m)	材积(m³)
最小值	6.6	7.8	9.6	0.0156
最大值	69.5	84.7	36.2	5.4567
平均值	25.0	30.3	21.6	0.7961
标准差	13.2	15.5	6.5	1.1358
变动系数(%)	52.8	51.2	29.9	142.7

利用建模样本分别绘制胸径—材积、地径—材积、胸径—树高、地径—材积之间的散点图(图 2-12)。从散点图看,建模数据中已无异常数据。

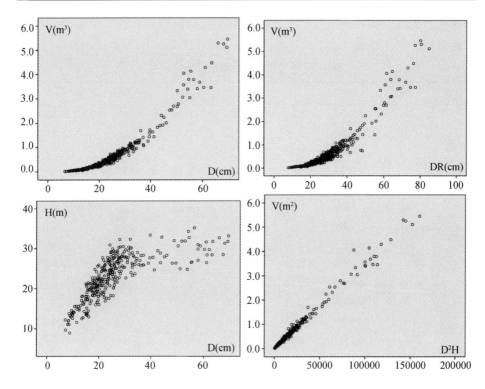

图 2-12 毛白杨建模样本散点

2. 2. 4. 2 模型拟合结果与分析

利用 616 棵毛白杨建模数据，对 4 个方程组公式（2-7）、（2-8）、（2-9）、（2-10），采用误差变量联立方程组方法进行拟合，其参数估计结果见表 2-2。

通过联合估计，相当于同时得到了相容性二元材积式、胸径—地径一元

表 2-2 不同联立方程组模型拟合结果

方程组	地径模型		树高模型			材积模型		
	a_0	a_1	b_0	b_1	b_2	c_0	c_1	c_2
（2-7）	—	1. 201	5. 033	0. 4647	—	0. 000 055 38	2. 075	0. 7950
（2-8）	1. 185	1. 163	4. 734	0. 4824	—	0. 000 056 14	2. 068	0. 7983
（2-9）	1. 187	1. 164	3. 294	1. 034	-0. 009 406	0. 000 068 25	2. 128	0. 6735
（2-10）	1. 189	1. 164	32. 68	0. 057 98	1. 220	0. 000 070 34	2. 135	0. 6567

注：材积模型的权重变量为 $1/D^2$。

材积式、树高—胸径回归模型及地径—胸径回归模型，对这5个模型的统计指标进行计算，结果见表2-3。

表2-3   不同联立方程组模型统计指标

方案	方程	R^2	SEE	TRE(%)	MSE(%)	MPE(%)	MPSE(%)
方案1 (2-7)	D_0	0.9835	1.99	0.93	2.14	0.64	5.90
	H	0.7281	3.37	-0.72	-1.57	1.53	12.91
	V_0	0.9436	0.27	0.73	-1.86	3.33	20.11
	V_1	0.9775	0.21	0.69	0.55	2.55	12.68
	V_2	0.9883	0.15	2.06	2.21	1.86	8.85
方案2 (2-8)	D_0	0.9848	1.92	0.30	0.42	0.62	5.47
	H	0.7292	3.36	-0.03	-0.72	1.52	12.80
	V_0	0.9357	0.29	-0.53	2.73	3.55	20.40
	V_1	0.9769	0.21	0.05	0.49	2.60	12.59
	V_2	0.9889	0.15	-0.21	0.02	1.80	8.41
方案3 (2-9)	D_0	0.9848	1.91	-0.02	0.62	0.02	3.71
	H	0.7779	3.05	0.04	1.38	-0.06	10.94
	V_0	0.9517	0.25	-0.33	3.08	1.64	18.98
	V_1	0.9808	0.19	0.01	2.37	0.01	14.82
	V_2	0.9883	0.15	0.17	1.85	0.20	16.29
方案4 (2-10)	D_0	0.9848	1.92	0.30	0.42	0.62	5.47
	H	0.7838	3.01	-0.07	0.02	1.36	11.36
	V_0	0.9485	0.26	1.28	4.05	3.18	21.02
	V_1	0.9797	0.20	1.67	1.49	2.43	12.09
	V_2	0.9878	0.15	1.92	1.56	1.89	8.63

注：D_0 为地径方程；H 为树高方程；V_0 为地径一元材积方程；V_1 为胸径一元材积方程；V_2 为二元材积方程。

从表2-3的统计指标可以看出，方案3的各项指标表现最为优秀，因其采用的树高方程 $H = b_0 + b_1 D + D^{b_2}$ 为抛物线模型，拟合成功后进行极值检验，计算得出抛物线的顶点为当 $D = 54.9\text{cm}$ 时，$H = 31.71\text{m}$，明显不适合大径阶毛白杨的树高估计。而方案2(2-9)所表述的二元材积模型、胸径一元材积模型和地径一元材积模型估计值的平均预估误差 MPE 分别为1.80%、2.60%和3.55%，说明其总体预估精度可分别达到98.0%、97.40%、96.45%；总相对误差 TRE 和平均系统误差 MSE 基本上在趋向于0，表明模型拟合效果良好；

平均百分标准误差 $MPSE$ 分别为 8.41%、12.59%、20.40%，该指标反映的是单株材积估计误差的平均水平；最后根据残差图分析式(2-8)二元材积模型 $V_2 = 0.000\ 056\ 14D^{2.068}H^{0.7983}$，各径阶残差的正负值基本能够抵消，说明式(2-8)残差随机性良好。由此得出，尽管式(2-8)中的地径模型和树高模型最为简单，但拟合效果反而比复杂的模型要好。根据式(2-8)的拟合结果，可以得到以下一组相容性材积表系列模型：

$$V_2 = 0.000\ 05614D^{2.068}H^{0.7983} \tag{2-18}$$

$$V_1 = 0.000\ 194D^{2.45} \tag{2-19}$$

$$V_0 = 0.000\ 194(-1.02 + 0.859D_0)^{2.45} \tag{2-20}$$

$$D_0 = 1.19 + 1.16D \tag{2-21}$$

$$H = 4.73D^{0.482} \tag{2-22}$$

2.3 全站仪测树

目前我国一类调查存在的不足之处便是科技含量较低，调查精度较低[1-4]，野外调查通常采用布鲁赖斯测高器，轮尺，罗盘仪以及测尺等工具进行野外数据调查，不但耗费大量人力物力效率低下而且精度较差[7]。Fumiaki Kitahara 等运用第三代超声波测高器与围尺相互配合进行树高与胸径测量实验，虽然大大提高了测量精度但是过程较为复杂[8]。近年来，航空航天遥感与机载 lidar 探测等先进技术被广泛应用于林业资源调查中，但由于试验费用昂贵，技术手段复杂，无法满足大比例尺数据需求，数据测量误差较大等影响，仍然无法取代传统的野外林业数据采集工作[2]。全站仪是 20 世纪 70 年代以来出现的集测距、测角及数据自动处理于一体的现代测绘仪器，测量精度远高于布鲁赖斯测高器、胸径尺等测量仪器，自 20 世纪 90 年代中期后，美国、英国、德国、日本等国在林地面积测量、树高测量中初步应用全站仪[9~10]，但由于仪器携带不便，测量步骤繁琐，每次测量需要在被测物体处设置棱镜，大大限制了其推广应用。北京林业大学冯仲科、徐伟恒等人研制了一种数字化多功能电子测树枪，在河南省、内蒙古自治区等地林场进行试验表明树高测量精度达 99.39%，但是由于树木分布复杂，红外激光点很小，致使操作时很难瞄准树梢[11]。唐雪海等用数字近景摄影测量辅助三维激光扫描对森林固定样地调查进行了尝试，效果虽然良好但是仪器费用昂贵且极其笨重[12]。而近年来免棱镜轻小型全站仪的出现，仅需一人操作便可实现物体三维坐标、高度、角度及距离的精确量测，操作简单快捷，使三维定位、高效精准的进行固定样地数据采集成为可能[13]。

本书选取北京市一类油松人工林固定样地，运用嵌入相关测树程序的南方 NTS – 372R 型免棱镜激光全站仪，对每棵油松三维坐标、树高、胸径及立木材积进行精确测量，并进行数据误差分析和精度评定，得到全站仪测树统计模型，同时在 CASS 和 ArcGIS 软件中实现样地树木分布及其三维建模表达。

2.3.1   模型研建

实验用地为北京市油松林永久标准地（Table1），该标准地位于北京市密云县密云水库北部林场，标准地面积为 1hm^2，中心点经纬度为 40°29.946′N，116°49.049′E，中心点坐标（以 BJ – 54 坐标系为平面参考坐标系，以 85 高程为参考高程系统）为（4 485 046，484 589，243）。标准地为人工同龄林且所有样木均为 35 年生油松，共计 831 棵，每棵树均用铁牌标记，灌木主要由构树、荆条和酸枣构成，标准地所属气候为温带大陆性季风气候，数据来源为北京市园林绿化管理局防沙治沙办公室 2011 年林业资源清查结果（表 2-4）。

表 2-4   北京市园林绿化管理局 2011 年林业资源清查数据

样地中心点坐标	面积（hm^2）	年龄（a）	林分密度（株/hm^2）	平均胸径（cm）	林分断面积（m^2/hm^2）	林分平均高（m）	蓄积量（m^3/hm^2）	生物量（t/hm^2）	坡度（°）
（4 485 046，484 589，243）	1	35	831	16.1	16.8	8.3	78.2	64.1	26

仪器介绍：免棱镜全站仪是基于相位法原理，发出极为窄小的工业激光束，无需棱镜直接打到目标上，利用目标物的漫反射返回信号，即可测量出该点的三维坐标、角度、距离等要素的高精度的测量仪器。仪器采用南方 NTS – 372R 全站仪（图 2-13），3R 级可见激光，波长范围在 302.5 ～ 106nm 辐射，仪器具有以下特点：高精度（3mm + 2ppm）；大范围，测距范围最远可达 550m；具有可见的红色激光斑，以及很小的光束直径。

运用 DGPS 测量系统在油松标准地中心位置测定控制点 A（4 485 046，484 589，243），并在该点位置架设全站仪或测树枪，经过精确定向建立标准地测量控制系统，然后便可进行标准地油松每木检尺工作。每木检尺时只需要 2 名人员即可测量，一名人员负责观测仪器，一名人员负责记录每棵油松的胸径和树高，与此同时，每棵油松的三维坐标会实时的记录在全站仪中。每木检尺步骤分为：①树心三维坐标测量；②树高测量；③DBH 测量；④冠幅测量。

2.3.1.1 坐标测量模型

将全站仪望远镜或者测树枪瞄准被测树木树根处，在仪器镜头中能够清晰看到红外激光点以及树干影像时即可测量，运用极坐标法进行第 P 棵油松的树心三维坐标测量，测量公式为：

图 2-13　NTS372R 型全站仪

$$\begin{cases} X_p = X_A + D\sin V\cos\alpha \\ Y_P = Y_A + D\sin V\sin\alpha \\ H_P = H_A + D\cos V + I \end{cases} \quad (2\text{-}23)$$

式中　　X_p, Y_P, H_P——第 P 株树木点三维坐标；

　　　　X_A, Y_A, H_A——安置仪器点 A 的坐标；

　　　　D——A, P 两点之间的斜距；

　　　　V——天顶距；

　　　　α——方位角，$\alpha = \alpha_0 + \beta \pm 180°$；

　　　　α_0——起始方向方位角；

　　　　β——水平角；

　　　　I——仪器高。

2.3.1.2 树高测量模型

采用全站仪或者测树枪悬高测量方法进行油松树高测量（图 2-14），测量时首先将激光点照准树根处，仪器自动计算并记录仪器与树木之间的距离和竖直夹角，再将激光点对准树梢处，完成树高测量与数据记录，测量公式为：

$$H = D\tan\alpha_1 + D\tan\alpha_2 \quad (2\text{-}24)$$

式中　　H——树高；

　　　　D——仪器至树干的水平距离；

　　　　α_1, α_2——仪器准树根与树梢的竖直夹角（图 2-14）。

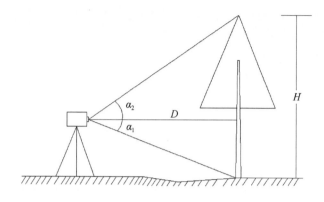

图 2-14 树高测量示意

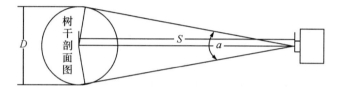

图 2-15 树木胸径测量示意

2.3.1.3 胸径测量模型

树木胸径测量如图 2-15 所示，将全站仪瞄准树干 1.3m 最外侧切点处，利用全站仪对边量测方法实时测量并计算树木胸径，如式(2-25)所示，若使用测树枪，则需要测量人员使用胸径尺配合量测。

$$D_{1.3} = 2S\sin(\alpha/2) \tag{2-25}$$

2.3.1.4 冠幅测量模型

为了精确测算树冠体积，将树冠看成由顶端圆锥体与其下面若干圆台组成，采用树冠区分求积的方法计算每一层圆台的体积，求和即为树冠体积。首先运用全站仪或者测树枪对边量测方法进行树冠冠幅测量(图 2-16)，公式如下：

$$C = \sqrt{S_1{}^2 + S_2{}^2 - 2S_1 \cdot S_2 \cdot \cos\theta} \tag{2-26}$$

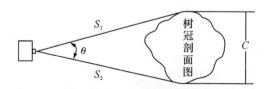

图 2-16 冠幅测量示意

2.3.1.5　材积测量模型

立木材积测量采用区分求积法如图 2-17 所示，将油松树干近似认为由顶端小圆锥和下面若干圆台组成，通过计算顶端圆锥与下面圆台的体积并求和即为油松立木材积，具体计算过程为：

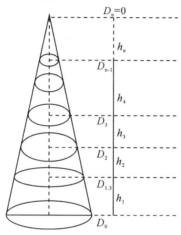

图 2-17　立木材积测量示意

每段圆台的体积公式为：

$$V_{圆台} = \pi h (D_{上}^2 + D_{上} D_{下} + D_{下}^2)/12 \tag{2-27}$$

式中　　$D_{上}$——上截面直径；

　　　　$D_{下}$——下截面直径；

　　　　h——圆台高度。

顶端圆锥的体积为：

$$V_{圆锥} = \pi h D_{n-1}^2/12 \tag{2-28}$$

每一段的高度为：

$$h_n = D(\tan\beta_n - \tan\beta_{n-1}) \tag{2-29}$$

则一棵树的立木材积：

$$V = V_1 + V_2 + \cdots + V_n = 1.3\pi(D_0^2 + D_0 D_{1.3} + D_{1.3}^2)/12 +$$
$$\pi h_2(D_{1.3}^2 + D_{1.3} D_2 + D_2^2)/12 + \cdots + \pi h_n D_{n-1}^2/12 \tag{2-30}$$

本实验中，每一段直径 D_0，$D_{1.3}$，$\cdots$，D_{n-1} 及每一段圆台高 h 由全站仪测得。将该程序嵌入全站仪后即可实现立木材积的精确测量。

2.3.1.6　多边形样地测量模型

多边形样地法是一种基于多边形样地的森林调查方法，首先在样地中选

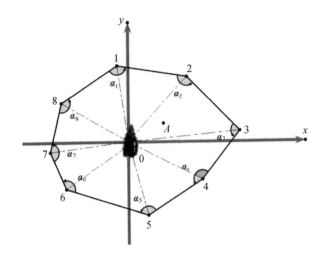

图 2-18　多边形样地法示意

取最接近林分平均值的树木作为中心木，然后选取距离中心木最近的 3～13 棵树为边界木，各边界木的树干断面中心即为多边形样地的顶点，将边界木顺时针连接后构成多边形样地的边(图 2-18)。

多边形样地充分考虑林木生长、发育过程中对营养面利用和生态空间分布的特点，将林分模拟成大小、株距不等，由 $N-1$ 个具有相同顶点的三角形构成的不规则多边形林地。将模拟成的不规则多边形样地视为样本单元，它从理论上能布满整个林地，因此，它与现有的国内外采用正方形、长方形、圆形相比更接近于实际情况。用多边形法构成不规则多边形样地组成样本用以估计总体，根据不规则多边形的面积，结合多边形样地边界木占中心木的权重，计算出总体平均每公顷断面积、林分平均高、林分平均胸径和蓄积量的估计值。

具体操作方法为：分别在每块样地中随机抽取样点记为 A 点，并在 A 点处架设全站仪或者测树枪，以距样点 A 最近的树记为 0 号树，再以该树为中心，顺时针依次标记距其最近的 1，2，3，…，N 株树木，用全站仪测量每棵树的坐标，胸径 D_i 和树高 H_i，其中，D_i 单位为 cm，(x_i, y_i) 和 H_i 单位为 m。

(1)林分蓄积量计算

$$M = \frac{1}{4}\pi f_\theta \sum_{i=1}^{n} P_i D_i{}^2 (H_i + 3)/S \tag{2-31}$$

$$P_i = \frac{\alpha_i}{2\pi} \qquad (2\text{-}32)$$

$$\alpha_i = \pi - \frac{1}{2}\pi \times \sin(\Delta y) - \arctan\left(\frac{\Delta x}{\Delta y}\right) \qquad (2\text{-}33)$$

$$\begin{cases} \Delta X = X_{i+1} - X_i \\ \Delta Y = Y_{i+1} - Y_i \end{cases} \qquad (2\text{-}34)$$

$$S = \frac{1}{2}\sum_{i=1}^{N}|X_i(Y_{i+1} - Y_{i-1})| \qquad (2\text{-}35)$$

式中 M ——每公顷森林蓄积量(m^3/hm^2);

f_θ ——实验形数;

P_i ——第 i 棵树所占权重;

α_i ——第 i 棵树所对应多边形内角;

(X_i, Y_i), (X_{i+1}, Y_{i+1}) ——全站仪所测得第 i 与 $i+1$ 号树木坐标,树木坐标采用极坐标法进行测量;

$\Delta y \neq 0$,若 $\Delta y = 0$,则令 Δy 等于一个无穷小量,通视值域为 $[0, 2\pi]$ 求得;

S ——模拟样地面积。

(2)林分平均高计算

$$\bar{H} = \frac{\sum\limits_{i=1}^{n}P_iH_i}{\sum\limits_{i=1}^{n}P_i} \qquad (2\text{-}36)$$

式中 $\bar{H}$ ——林分平均高;

P_i ——第 i 棵树权重;

H_i ——第 i 棵树树高,树高测量利用电磁波测距原理,应用免棱镜全站仪的悬高测量功能测得。

(3)每公顷断面积计算

$$G = \sum_{i=1}^{n}P_ig_i/S \qquad (2\text{-}37)$$

$$g_i = \frac{1}{4}\pi D_i^2 \qquad (2\text{-}38)$$

式中 G ——每公顷断面积;

　　P_i——第 i 棵树权重；

　　g_i——第 i 棵树断面积；

　　D_i——第 i 棵树树木胸径，可由免棱镜全站仪对边测量功能测得[15]。

（4）林分平均胸径计算

$$D_g = \sqrt{\frac{4}{\pi}\bar{g}} \times 100 \tag{2-39}$$

$$\bar{g} = \frac{1}{N}G \tag{2-40}$$

$$N = (\sum_{i=1}^{n} P_i/S) \times 10^4 \tag{2-41}$$

式中　D_g——林分平均胸径；

　　$\bar{g}$——平均断面积；

　　N——每公顷株数；

　　P_i——第 i 棵树权重。

　　利用多边形样地法进行森林资源调查，较好地体现了简易抽样算法与高精度仪器配合工作带来的便利性与高效性，但在实际应用中仍然面临若干问题，比如，仪器费用昂贵，有时林地地形复杂，树木遮挡严重导致通视情况较差等。此外，是否可与先进的三维激光扫描系统有效结合，均有待做进一步研究。

2.3.2　测量结果及数字化成图

　　利用全站仪或者测树枪对固定样地进行每木检尺后，将所有数据（表 2-5）导入 CASS 软件及 ArcGIS 软件，利用 CASS 软件进行固定样地样木分布图成图（图 2-19），利用 ArcGIS 软件进行固定样地 DEM 模型制作，实现对固定样地中每木检尺的详细数据进行查询、定位和分析功能（图 2-20、图 2-21）。

表 2-5　固定样地进行每木检尺数据表

ID	树编号	树高（m）	CW$_1$（m）	CW$_2$（m）	DBH（cm）	X	Y	Z
A001	35	5.7	4.9	2.98	15.6	4 485 043.07	484 587.32	242.92
A002	510	7.7	6.0	3.1	19.1	4 485 044.65	484 585.91	243.05
A003	511	9.2	3.9	5.6	26.1	4 485 042.81	484 584.67	244.03

（续）

ID	树编号	树高 （m）	CW$_1$ （m）	CW$_2$ （m）	DBH （cm）	X	Y	Z
A004	508	7.2	2.6	2.8	13.7	4 485 044.4	484 583.02	245.01
A005	506	8.6	4.7	5.6	22.9	4 485 046.22	484 581.32	245.13
A006	505	7.5	4.6	2.1	15.0	4 485 047.53	484 579.33	246.33
A007	504	8.1	5.7	3.9	26.1	4 485 047.63	484 576.86	246.45
A008	509	6.9	6.6	4.8	17.8	4 485 047.76	484 582.77	243.32
A009	34	9.8	4.3	4.1	22.3	4 485 051.12	484 587.47	240.31
A010	33	5.3	2.6	1.3	12.7	4 485 049.59	484 588.34	242.04
A011	14	9.1	5.2	4.4	16.6	4 485 054.32	484 586.05	239.86
A012	11	9.1	3.8	3.9	21.7	4 485 057.76	484 584.22	239.59
A013	12	11.9	3.4	6.3	23.2	4 485 057.60	484 581.98	241.27
A014	13	8.5	2.7	3.1	9.2	4 485 056.15	484 583.27	241.14
A015	10	9.6	3.3	4.6	18.5	4 485 059.51	484 587.47	239.07
A016	16	11.2	6.5	4.9	22.9	4 485 056.75	484 588.88	238.40
A017	17	10.2	6.9	6.7	24.2	4 485 052.82	484 589.94	238.87
A018	18	10.1	2.9	4.4	21.0	4 485 053.72	484 593.78	241.16
A019	8	10.2	6.3	6.5	23.9	4 485 059.20	4 84 593.54	239.35
A020	7	9.9	2.2	3.1	16.6	4 485 060.30	484 595.47	239.02
A021	46	10.6	3.8	4.2	21.7	4 485 059.81	484 598.39	235.56
A022	2	10.7	3.6	3.9	21.3	4 485 062.43	484 597.85	238.64
A023	21	9.6	3.6	2.7	14.3	4 485 057.95	484 597.57	235.61
A024	20	10.8	3.5	3.9	21.3	4 485 055.50	484 599.62	236.92
A025	19	11.2	4.8	5.1	26.1	4 485 053.94	484 597.51	238.76
A026	24	7.2	3.9	2.1	14.6	4 485 053.31	484 601.05	236.00
A027	25	10.9	3.8	5.2	15.0	4 485 050.83	484 599.48	238.42
A028	20	8.6	3.9	5.2	27.4	4 485 049.46	484 599.81	236.08
A029	28	10.5	4.2	5.1	21.7	4 485 047.76	484 595.78	238.43
A030	82	10.5	3.6	3.8	20.7	4 485 058.64	484 601.87	234.53
A031	23	9.6	5.2	4.8	21.3	4 485 056.73	484 602.92	234.21
A032	3	10.6	2.2	7.6	14.3	4 485 060.83	484 601.35	234.93
A033	1	9.2	3.5	3.2	11.5	4 485 062.54	484 600.22	235.44

（续）

ID	树编号	树高 （m）	CW₁ （m）	CW₂ （m）	DBH （cm）	X	Y	Z
A034	32	9.7	5.4	4.1	17.8	4 485 047.55	484 590.38	242.33
A035	30	9.8	2.9	3.7	15.0	4 485 045.64	484 592.42	242.39
A036	29	8.4	1.9	2	8.3	4 485 046.84	484 592.67	241.58
A037	31	10.6	5.7	5.4	23.2	4 485 043.99	484 593.17	242.56
A038	36	7.6	3.9	3.2	15.0	4 485 041.46	484 589.32	242.86
A039	37	8.3	3.9	3.2	15.9	4 485 039.9	484 590.35	242.73
A040	38	8.4	5.1	4.2	24.0	4 485 036.38	484 593.08	242.45
A041	53	9.6	3.2	3.4	17.8	4 485 040.99	484 596.02	241.91
A042	52	8.5	4.6	4.3	24.5	4 485 037.99	484 598.10	241.92
A043	54	7.9	4.1	4.2	17.2	4 485 043.00	484 598.70	237.85
A044	55	9.5	5.0	3.4	16.9	4 485 041.51	484 599.96	239.02
A045	63	8.6	5.2	4.9	15.3	4 485 038.59	484 604.93	235.84
A046	64	7.7	2.6	2.8	10.2	4 485 040.44	484 605.59	235.89
A047	65	8.9	3.9	4.2	24.2	4 485 038.42	484 606.63	235.45
A048	66	7.2	2.9	3.1	9.9	4 485 036.85	484 608.77	237.93
A049	62	7.9	3.7	3.5	16.6	4 485 034.10	484 606.15	239.99
A050	67	7.6	2.3	2.4	13.7	4 485 034.63	484 608.84	237.39

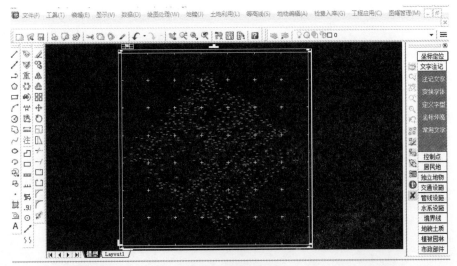

图 2-19　样木分布

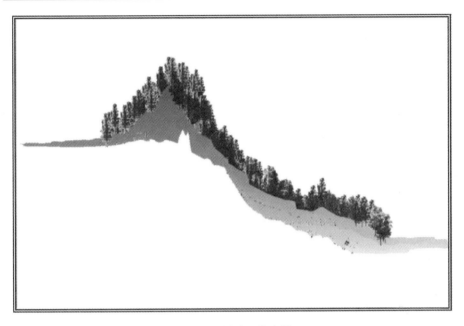

图 2-20　样地三维建模

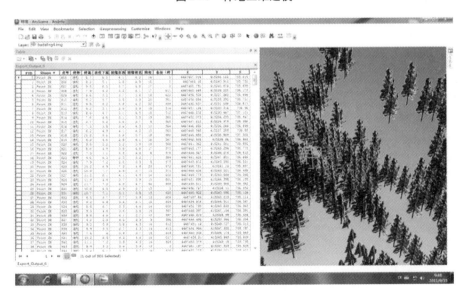

图 2-21　每木信息定位查询

参考文献

陈溪兴．2010．新技术新装备在上海森林资源调查中的应用[J]．华东森林经理，24(2)：49 - 50.

邓成，梁志斌．2012．国内外森林资源调查对比分析[J]．林业资源管理(5)：12 - 17.

冯仲科，殷嘉俭，贾建华，等．2001．数字近景摄影测量用于森林固定样地测树的研究[J]．北京林业大学学报，23 (5)：17 - 18.

冯仲科，景海涛，周科亮，等．2003．全站仪测算材积的原理及精度分析[J]．北京林业大学学报，25(3)：60 - 63.

冯仲科，余新晓．2001．"3S"技术及其应用[M].2 版．北京：中国林业出版社.

冯仲科，赵春江，聂玉藻，等．2002．精准林业[M]．北京：中国林业出版社.

何诚．2013．森林精准计测关键技术研究[D]．北京：北京林业大学.

洪宇，龚建华，胡社荣，等．2008．无人机遥感影像获取及后续处理探讨[J]．遥感技术与应用，23(4)：462 - 466.

刘恩斌．2005．广东二元立木材积表的编制与改进方法的研究[D]．南京林业大学.

罗仙仙，亢新刚．2008．森林资源综合监测研究综述[J]．浙江林学院学报，25(6)：803 - 809.

骆期邦，曾伟生，贺东北．2001．林业数表模型—理论、方法与实践[M]．长沙：湖南科学技术出版社.

茆诗松，周纪芗．2000．概率论与数理统计[M].2 版．北京：中国统计出版社.

蒙印，李成名，林宗坚，等．2004．基于无人驾驶飞行器的三维数字城市建筑物建模技术[J]．测绘科学，29(3)：58 - 70.

孟宪宇．1995．测树学[M].2 版．北京：中国林业出版社.

王小昆．2005．森林资源精准监测及其自动化实现[D]．北京：北京林业大学.

吴明山，青辉．2008．度量误差对材积模型的影响及参数估计研究[J]．北京林业大学学报，30(5)：83 - 86.

徐伟恒，冯仲科，苏志芳，等．2013．手持式数字化多功能电子测树枪的研制与试验[J]．农业工程学报(03)：90 - 99.

徐文兵，高飞，杜华强．2009．几种测量方法在森林资源调查中的应用与精度分析[J]．浙江林学院学报，26(1)：132 - 136.

徐祯祥．1979．角规点上测定林分蓄积的形点法[J]．林业科学(专期).

游先祥，等．1995．森林资源调查、动态监测、信息管理系统的研究[M]．北京：中国林业出版社.

曾伟生．1996．关于加权最小二乘法中权函数的选择问题[J]．中南林业调查规划，15(1)：54 - 55.

曾伟生．1998．再论加权最小二乘法中权函数的选择[J]．中南林业调查规划，17(3)：

9 – 11.

曾伟生. 2004. 论一元立木材积模型的研建方法[J]. 林业资源管理(01): 21 – 23.

曾伟生. 2012. 利用误差变量联立方程组建立一元立木材积模型和胸径地径回归模型[J]. 中南林业调查规划, 31(4): 1 – 4.

曾伟生. 2014. 杉木相容性立木材积表系列模型研建[J]. 林业科学研究, 27(1): 006 – 010.

曾伟生, 骆期邦. 2001. 论林业数表模型的研建方法[J]. 中南林业调查规划, 20(2): 1 – 4.

曾伟生, 骆期邦, 贺东北. 1999. 兼容性立木生物量非线性模型研究[J]. 生态学杂志, 18(4): 19 – 24.

曾伟生, 骆期邦, 贺东北. 1999. 论加权回归与建模[J]. 林业科学, 35(5): 5 – 11.

曾伟生, 唐守正. 2011. 立木生物量模型的优度评价和精度分析[J]. 林业科学, 47(11): 106 – 113.

张会儒, 唐守正, 王奉瑜. 1999. 与材积兼容的生物量模型的建立及其估计方法研究[J]. 林业科学研究, 12(1): 53 – 59.

张会儒, 唐守正, 胥辉. 1999. 生物量模型中的异方差问题[J]. 林业资源管理(1): 46 – 49.

张会儒, 赵有贤, 王学力, 等. 1999. 应用线性联立方程组方法建立相容性生物量模型研究[J]. 林业资源管理(6): 63 – 67.

赵芳, 韦雪花, 高祥, 等. 2013. 三维激光扫描系统在建立单株立木材积模型中的研究[J]. 山东农业大学学报(自然科学版), 44(2): 231 – 238.

赵俊兰, 冯仲科. 2000. 森林资源清查实时自动测量定位系统的建立与应用[J]. 北方工业大学学报(1): 82 – 86.

中华人民共和国林业部. 1990. 林业专业调查主要技术规定[M]. 北京: 中国林业出版社.

中华人民共和国林业部. 1999. LY/T 1353—1999 立木材积表[S]. 北京: 中国标准出版社.

Balsari P, Doruchowski G, Marucco P, *et al.* 2008. A system for adjusting the spray application to the target characteristics[J]. Agricultural Engineering International, 10: 1682 – 1130.

Dong J, Kaufmann R K, Myneni R B, *et al.* 2003. Remote sensing estimates of boreal and temperate forest woody biomass: carbon pools, sources, and sinks[J]. Remote Sensing of Envionment, 84: 393 – 410.

Lambin E F. 1999. Monitoring forest degradation in tropical regions by remote sensing: some methodological issues[J]. Global Ecology and Biogeography(8): 191 – 198.

Martin M E, Aber J D. 1997. High Spectral Resolution Remote Sensing of Forest Canopy Lignin, Nitrogen, and Ecosystem Processes[J]. Ecological Applications, 7(S): 431 – 443.

Michio Kise, Qin Zhang. 2005. Dual stereovision application for 3D field mapping and vehicle guidance[C]//ASAE annual International Meeting, Tampa, Florida.

Zaman Q U, Salyani M. 2004. Effects of foliage density and ground speed on ultrasonic measurement of citrus tree volume[J]. Transaction of the ASAE, 20(2): 173 – 178.

Zaman Q U, Schumann A W, Hostler H K. 2007. Quantifying sources of error in ultrasonic measurements of citrus orchards[J]. Transaction of the ASAE, 23(4): 449 – 453.

第3章 测树枪森林观测技术

3.1 概 述

森林计测学是林业及相关科学领域最基本的学科之一。它用于树木和林分的计测，以及由此所产生的森林信息的分析和森林知识的获取。早期的可持续森林经营的简单计测和评估方法，使林业数据的存取、分析、研究成为可能。21世纪以来，随着对林业调查数据的精准性和全球化的要求越来越高，对单木和林分方面的量化信息的需求日益增长。由此产生了诸多有关林业数据获取和分析的成熟方法。这些方法主要关注于树木和林分生活史中特定时刻特征的量化评估，为高效的森林经营提供数据支撑。森林计测是获取森林信息的基本手段，森林计测设备的性能对森林信息获取的效率和森林数据的精度起决定性作用。

目前国内对森林计测设备的研发主要分为2类：一类是引进或对现有测绘仪器进行改造，用于森林计测。冯仲科等发明了电子角规，利用森林罗盘仪、电子经纬仪、全站仪、测树型超站仪、PDA（personal digital assistant）等设备进行森林计测，并对其精度进行了研究，全站仪测量树高的精度达1/400，测量直径的精度达1/200，树心平面坐标定位精度达15 mm，冠幅测量精度达1/13 000；唐雪海等用数字近景摄影测量辅助三维激光扫描对森林固定样地测树进行了尝试；谢鸿宇等对无棱镜全站仪量测树高及树冠的方法进行了研究；李立存等对全站仪和Vertex VI测高仪测量树高的精度进行了比较，测高仪测得的总平均树高相对于全站仪的误差都小于1.07%。徐文兵等研究了利用全站仪双边交汇法测定立木三维坐标。另一类是直接研制新型测树仪器，关强等基于单片机和超声波测距原理，研制了一种定高树径测量仪，鄢前飞先后分别研制了数字式测高测距仪和数字式测径仪，测高精度95%，测径精度98%。全站仪用作森林计测工具，精度虽高，但体积大，质量大，不易携带，坡度较大和郁闭度高的林地架站困难，操作复杂，成本高。国内目前研制的上述新型测树仪器均存在功能单一、精度一般、操作复杂、便携性差、成本昂贵等一个或多个问题，在一定程度上限制了设备在林业领域的使用。

　　针对上述情况，本文结合森林计测的实际需求，利用激光测距传感器、测角传感器、电子罗盘获得测站点到目标点的距离、倾角和磁方位角，基于三角函数原理、角规测树原理，由 MCU(micro controller unit)内嵌程序自动计算出树高、直径、角规计数值、株数密度等森林计测参数，并和外围器件进行高密度、高可靠集成，设计并实现了一种手持式多功能电子测树仪器—电子测树枪，能够实现树高测量、任意处直径测量、角规绕测计数、林分平均高测量、株数密度测量、基本测量等功能。

3.2　电子测树枪的组成

3.2.1　硬件结构

　　电子测树枪的硬件(图 3-1)组成包括 MEMS(micro electro mechanical systems)倾角传感器、激光测距传感器、电子罗盘、中央控制单元、存储器、液晶显示屏、微型按键、USB 数据通信接口、电源等，将上述硬件进行高密度、高可靠集成，并根据人体工学设计其铝合金外壳。

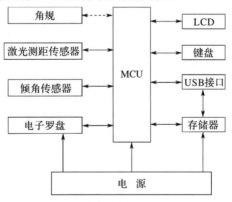

图 3-1　硬件总体框架

注：MCU 为中央处理单元(micro controller unit)；LCD 为液晶显示屏(liquid crystal display)；USB 为通用串行总线(universal serial bus)

　　MEMS 倾角传感器选用三轴加速传感器 LIS331DLH 设计，用于测量电子测树枪和测点间的倾斜角。激光测距传感器基于集成电路芯片 LMC6482、

PL613、PL673 设计，用于测量电子测树枪到测点的距离，电子罗盘选用集成电路芯片 GY-26，用于测量电子测树枪到测点的磁方位角。根据倾斜角、距离和磁方位角 3 个测量参数，利用三角函数关系可实现树高、林分平均高、株数密度、任意处直径的间接测量。中央控制单元采用单片机 C8051F410，主要完成对各种传感信号的采集、处理和输出。液晶显示屏采用集成电路 GY1606A4FSW6Q，用于显示测量参数。USB 数据通信接口采用集成电路芯片 LPC2148 设计，用于测量数据的导出。存储器采用 C8051F410 片内闪存，用于存储测量数据。电源模块采用集成电路 TPS61020 设计，用于向各器件供电。键盘用于对各种设计功能的操作。角规为可旋转机械拨片，旋转拨片可实现 4 种断面积系数的选择。

3.2.2 软件设计

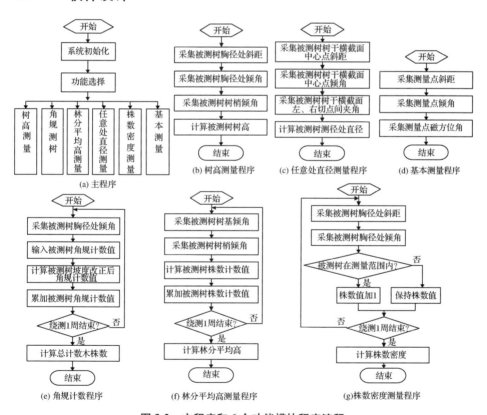

图 3-2 主程序和 6 个功能模块程序流程

软件部分采用模块化结构设计,包括树高测量模块、角规测树模块、林分平均高测量模块、任意处直径测量模块、株数密度测量模块、基本测量模块。图 3-2(a)为主程序流程图,主程序完成系统初始化操作以及功能选择,用户可根据所选功能,进入相应的功能程序模块。6 个功能模块的程序流程如图 3-2(b)~(g)所示。树高、计数木株数、林分平均高、测径处直径、株数密度等主要测量参数以及倾角、斜距、磁偏角等辅助测量参数均能实时显示,测量数据以文件形式保存在存储器中,可以通过 USB 接口导出。

3.2.3   主要功能及参数

电子测树枪的功能包括树高测量、林分平均高测量、株数密度测量、角规绕测、任意处直径测量、基本测量等 6 项功能。距离测量,附加反射片时测量范围为 0.5~100 m,树体自身反射时测量范围为 0.5~60 m,最小显示单位为 1 mm,激光等级为 II 级,测量误差为 5 mm。倾斜角测量范围为 -75°~75°,测量精度为 0.3°。方位角测量范围为 0~360°,测量精度为 1°。附带 LCD 显示屏、按键输入、USB 通信接口。锂电池供电,连续工作时间为 5 h,工作环境温度为 -20~50℃。

3.3   电子测树枪森林计测功能及原理

3.3.1   闭合导线及标定

3.3.1.1   仪器测量及记录要素

测量要素有 3 个:倾角(δ)、斜距(S)和磁方位角(α)。

3.3.1.2   实现的功能及模型

(1)测站点上观测下一目标点(或被测木)的倾角,斜距和磁方位角

①设起始点坐标为(0,0)。

②各目标点的点名依次进行编号。

(2)坐标增量闭合差计算及其调整

坐标增量表示为:

$$D_{i,i+1} = L_{i,i+1}\cos\delta_{i,i+1} , \quad \begin{cases} \Delta x_{i,i+1} = D_{i,i+1}\cos\alpha_{i,i+1} \\ \Delta y_{i,i+1} = D_{i,i+1}\sin\alpha_{i,i+1} \end{cases} \tag{3-1}$$

式中 L_i ——斜距;

D_i ——平距;

δ_i ——倾角。

闭合导线坐标增量闭合差,分别用f_x、f_y 表示,即有

$$\begin{cases} f_x = \Sigma\Delta x_{测} \\ f_y = \Sigma\Delta y_{测} \end{cases} \tag{3-2}$$

导线全长闭合差,用f_D 表示,所以有

$$f_D = \sqrt{f_x{}^2 + f_y{}^2} \tag{3-3}$$

所有边长误差总和为f_D ,若用 ΣD 表示导线总长,则导线全长相对闭合差为

$$K = \frac{f_D}{\Sigma D} \tag{3-4}$$

边长误差与边的长度成正比的原则,将坐标增量闭合差f_x、f_y 反符号按边长成正比例进行调整。

令 $V_{x_{i,i+1}}$、$V_{y_{i,i+1}}$ 为第 i 株树到第 $i+1$ 株树形成的边的坐标增量改正数,则有

$$\begin{cases} v_{x_{i,i+1}} = -\dfrac{f_x}{\Sigma D}D_{i,i+1} \\ v_{y_{i,i+1}} = -\dfrac{f_y}{\Sigma D}D_{i,i+1} \end{cases} \tag{3-5}$$

最后可以得到经过闭合差改正后的坐标值为:

$$\begin{cases} X_{i+1} = x_i + \Delta x_{i,i+1} + V_{x_{i,i+1}} \\ X_{i+1} = y_i + \Delta y_{i,i+1} + V_{y_{i,i+1}} \end{cases} \tag{3-6}$$

(3)求算面积

任意闭合多边形求面积:

$$S_n = \frac{1}{2}\sum_{i=1}^{n} x_i(y_{i+1} - y_{i-1}) = \frac{1}{2}\sum_{i=1}^{n} y_i(x_{i+1} - x_{i-1}) \tag{3-7}$$

式中 x_i, y_i——第 i 株树的坐标;

n 的个数等于所测点数;

当 $i=n$ 时,$i+1=1$。

3.3.2   极坐标法测树

3.3.2.1   仪器测量及记录要素

测量记录 3 个要素：倾角 (δ)，斜距 (L) 和磁方位角 (α)。

3.3.2.2   实现的功能及模型

（1）测站点上各目标点（或被测木）的坐标测量

①测站点坐标设为 $(0，0)$。

②各目标点坐标计算。

$$\begin{cases} X_{S_1} = X_A + D\cos\alpha \\ Y_{S_1} = Y_A + D\sin\alpha \end{cases} \tag{3-8}$$

其中 $\qquad\qquad\qquad D = L\cos\delta$

式中 X_{S_1}，Y_{S_1}——第 S_1 株树木点坐标；

$\qquad X_A$，Y_A——安置仪器点 A 的坐标；

$\qquad D$——A、S_1 两点之间的水平距离；

$\qquad \alpha$——方位角；以同样方法测量树 S_2，S_3，…，S_n 直至测完样地中所有能看到的树木。

（2）各被测目标点所围成多边形的面积计算（图 3-3）

$$S_n = \frac{1}{2}\sum_{i=1}^{n} x_i(y_{i+1} - y_{i-1}) = \frac{1}{2}\sum_{i=1}^{n} y_i(x_{i+1} - x_{i-1}) \tag{3-9}$$

式中 x_i，y_i——第 i 株树的坐标；

$\qquad n$ 的个数等于所测点数，当 $i = n$ 时，$i + 1 = 1$。

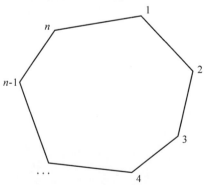

图 3-3   多边形的面积计算

3.3.3 角尺度测量

角尺度定义：从参照树出发，图 3-4 中参照树与其最近相邻木 1 与 4、1 与 3、2 与 3、2 与 4 构成的夹角都是用较小夹角 $\alpha_1 4$、$\alpha_1 3$、$\alpha_2 3$、$\alpha_2 4$ 表示。

角尺度 W 被定义为 α 角小于标准角 α_0（$=72°$）的个数占所考察的 4 个 α 角的比例。W 用下式来表示：

$$W = 4 \sum_{i=1}^{1} Z_i \tag{3-10}$$

其中：$z_i = \begin{cases} 1, & \text{当 } i \text{ 个 } \alpha \text{ 角小于标准角 } \alpha_0 \\ 0, & \text{否则} \end{cases}$

$W=0$，表示 4 株最近相邻木在参照树周围分布特别均匀；$W=1$，则表示 4 株最近相邻木在参照树周围分布特别不均匀或聚集。V 值的分布可反映出一个林分中林木个体的分布格局，角尺度分布对称表示林木分布为随机即中间类型（随机）两侧的频率相等，若左侧大于右侧则为均匀，否则为团状。

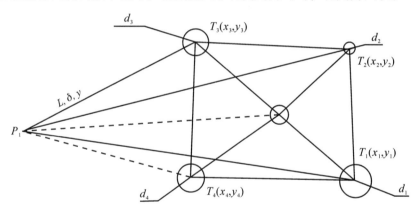

图 3-4　参照树与其最近相邻树示意

(1)测量每株木的胸径(d_i)

(2)在测点 k 上测量每株木的 3 个参数(L_i，δ_i，α_i)

(3)计算每棵树坐标 $i(x_i，y_i)$

(4)测站点上各目标点（或被测木）的坐标测量

①设起始点 P 坐标为(0，0)。

②各目标点的点名依次进行编号，并进行坐标计算。

$$\begin{cases} X_i = X_p + (L_i\cos\delta_i + d_i/2)\cos\alpha_i \\ Y_i = Y_p + (L_i\cos\delta_i + d_i/2)\sin\alpha_i \end{cases} \tag{3-11}$$

式中　X_i,Y_i——第 i 株树木的平面坐标；

　　　　X_p,Y_P——安置仪器点 P 的坐标；

　　　　L_i——P,T_i 两点之间的斜距；

　　　　δ——倾角；

　　　　α——方位角。

（5）计算每两棵树夹角（余弦定理）

$$S_{0,i} = \sqrt{(x_0 - x_i)^2 + (y_0 - y_i)^2}, S_{0,i+1} = \sqrt{(x_{i+1} - x_0)^2 + (y_{i+1} - y_0)^2},$$

$$S_{i,i+i} = \sqrt{(x_{i+1} - x_i)^2 + (y_{i+1} - y_i)^2}\ \alpha_i = \arccos\left(\frac{S_{0,i}^2 + S_{0,i+1}^2 - S_{i,i+1}^2}{2S_{0,i}S_{0,i+1}}\right) \tag{3-12}$$

$$li = 4\alpha_{41} = 360\sum_{i=1}^{3}\alpha_{i,i+1} \tag{3-13}$$

3.3.4　单木测量

3.3.4.1　树高测量

树高测量方法如图 3-5 所示：①瞄准测站点［记为 $A(X，Y，Z)$］到被测树的主干离地表面 1.3 m 处（记为 $P_{1.3}$），测得斜距 L 和倾角 α，利用式（3-4）计算出测站点到被测树 T 的水平距离 S。②瞄准树梢顶点（记为 P_v），测得测站点 $A(X，Y，Z)$ 到树梢顶点 P_v 的倾角 β 后，根据式（3-14）、（3-15）、（3-16）计算出树高 H，树高 H 能电子显示和自动存储。

图 3-5 中左半部分为测站点水平位置高于被测树 1.3 m 处的情况，右半部分为测站点水平位置低于被测树 1.3m 处的情况，由于电子测树枪内置的测角传感器能自动测量倾角正负，而不需要人工判读，所以，2 种情况均可以用相同计算式（3-14）～式（3-17）进行计算。

$$S = L \cdot \cos\alpha \tag{3-14}$$

$$H_1 = S \cdot \tan\beta \tag{3-15}$$

$$H_2 = S \cdot \tan\alpha \tag{3-16}$$

$$H = H_1 - H_2 + 1.3 \tag{3-17}$$

式中　L——测站点到 $P_{1.3}$ 的斜距（m）；

　　　　S——测站点到被测树 T 的水平距离（m）；

α——测站点到 $P_{1.3}$ 的倾角(°);

β——测站点到树梢顶点 P_v 的倾角(°);

H_1——测站点到被测树树梢之间的垂直距离(m);

H_2——测站点到 $P_{1.3}$ 之间的垂直距离(m);

H——树高(m)。

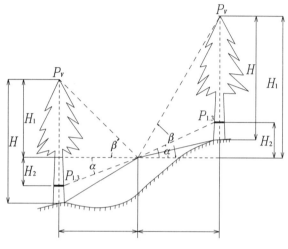

图 3-5 树高测量原理

注：$A(X, Y, Z)$ 为测站点；P_v 为树梢顶点；$P_{1.3}$ 为被测树的主干离地表面 1.3 m 处；L 为测站点到 $P_{1.3}$ 的斜距；S 为测站点到被测树 T 的水平距离；α 为测站点到 $P_{1.3}$ 的倾角；β 为测站点到树梢顶点 P_v 的倾角；H_1 为测站点到被测树树梢之间的垂直距离；H_2 为测站点到 $P_{1.3}$ 之间的垂直距离；H 为树高

3.3.4.2 胸径测量

（1）定点测量胸径

在使用此功能时，为保证测量精度，必须使用三脚架或者单脚架固定测树枪。如图 3-6 所示，测量原理如下，①选择测径处树干横截面中心点 P_0，按下测量键，测得测点到测径处的斜距 L_S 和竖直倾角 φ。②先瞄准树干左切点 P_L，将方位置 0，保持测树枪上下角度不发生变化，然后瞄准树干右切点 P_R，按下测量键，测得左切点 P_L 和右切点 P_R 之间的夹角 δ。测树枪内置程序根据式(3-10)自动计算出直径 D。所测直径处所在高度的测量方法与树高测量方法类似，所不同的是，①瞄准树基；②瞄准测径处树干横截面中心点 P_0，测树枪程序自动计算出测径处所在的高度。

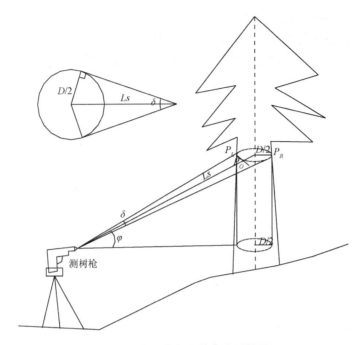

图3-6   任意处直径及其高度测量原理

注：L_S为测点到测径处的斜距；φ为测点到测径处的竖直角；δ为左、右切点之间的夹角；

D为树干直径；P_O为测径处树干横截面中心点；P_L、P_R分别为测径处树干左、右切点

$$D = 2 \times \frac{L_S \cdot \cos\varphi \cdot \sin\dfrac{\delta}{2}}{1 - \sin\dfrac{\delta}{2}} \qquad (3\text{-}18)$$

式中　L_S——测点到测径处的斜距（m）；

　　　φ——测点到测径处的竖直角（°）；

　　　δ——左、右切点之间的夹角（°）；

　　　D——树干直径（m）。

$$\sin\alpha = \frac{d/2}{\sqrt{(d/2)^2 + l_0^{\ 2}}} \qquad (3\text{-}19)$$

$$D = 2 \times \frac{L_S \cdot \cos\varphi \cdot \sin\alpha}{1 - \sin\alpha} \qquad (3\text{-}20)$$

式中　d——比尺读数（mm）；

　　　l_0——瞄准器至眼睛的距离95mm（mm）；

L_S——观测点到测径处的斜距(m);

φ——测点到测径处的竖直角(°);

α——左、右切点之间的夹角的1/2(°);

D——树干直径(m)。

(2)角规法测量胸径

角规法测量树干胸径如图3-7所示,其计算公式如下

$$D = \frac{8L_S \cdot \cos\varphi}{2 - 0.04} \qquad (3\text{-}21)$$

式中 L_S——观测点到测径处的斜距(m);

φ——测点到测径处的竖直角(°);

D——树干直径(cm)。

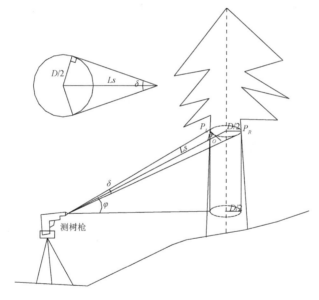

图3-7 角规法测量胸径示意

注:L_S 为测点到测径处的斜距;φ 为测点到测径处的竖直角;δ 为左、右切点之间的夹

角;D 为树干直径;P_O 为测径处树干横截面中心点;P_L、P_R 分别为测径处树干左、右切点

3.3.4.3 材积测量

(1)实验形数法单木材积测量(形数分为针叶和阔叶两种)

原理如下:

$V = f(D_{1.3}, H)$,测得立木胸径和树高后,按式(3-22)计算立木树干材积:

$$V = g_{1.3}(h + 3)f_{\varepsilon}$$

$$g_{1.3} = \frac{1}{4}\pi d^2 \tag{3-22}$$

式中　　V——树干材积；

$\quad\quad g_{1.3}$——胸高断面积；

$\quad\quad d$——胸高半径；

$\quad\quad h$——树高；

$\quad\quad f_{\varepsilon}$——实验形数，$f_{\varepsilon针叶} = 0.43$；$f_{\varepsilon阔叶} = 0.40$。

（2）望高法测材积

望高法材积式是由德国著名林学家普莱斯勒（Pressler M R，1855）提出的单株立木材积测定方法。该方法是通过测定胸径和望高（以 1/2 胸径处为望点，望点到树基的高度为望高），按照式（3-23）计算立木材积：

$$V_1 = \frac{2}{3}g_{1.3}(h_R - 1.3)$$

$$V_2 = 1.3g_{1.3} \tag{3-23}$$

$$V = V_1 + V_2 = \frac{2}{3}g_{1.3}(h_R + \frac{1.3}{2})$$

式中　　V_1——胸高以上部分树干材积；

$\quad\quad V_2$——胸高以下部分树干材积；

$\quad\quad V$——全树干材积；

$\quad\quad g_{1.3}$——胸径；

$\quad\quad h_R$——望点高。

（3）无遮挡条件下角规四径法测材积（F_g =4.0，2.0，1.0，0.5）（图 3-8）

不同角规系数下所得胸径值为

$$F_g = 0.5 \, , \, d_4 = \frac{2L_4\cos\delta_4}{2 - 0.014}\sqrt{2}$$

$$F_g = 1.0 \, , \, d_3 = \frac{4L_3\cos\delta_3}{2 - 0.02}$$

$$F_g = 2.0 \, , \, d_2 = \frac{4L_2\cos\delta_2}{2 - 0.028}\sqrt{2}$$

$$F_g = 4.0 \, , \, d_1 = \frac{8L_1\cos\delta_1}{2 - 0.04}$$

可以得到立木材积为

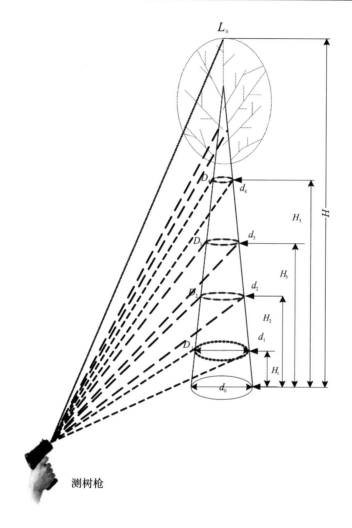

图 3-8 无遮挡条件下角规四径法测材积示意

$$V = \frac{10^{-4}}{4}\pi\left[1.3d_{1.3}{}^2 + \frac{1}{3}\sum_{i=1}^{3}(d_i{}^2 + d_{i+1}{}^2 + d_id_{i+1})(h_{i+1} - h_i) + \frac{1}{3}d_4{}^2(H - h_4)\right]$$

$$d_1 = d_{1.3}$$

$$h_1 = 1.3$$

$$h_i = L_i\sin\delta_i \tag{3-24}$$

式中　V——立木材积（m^3）；

　　　L_i——测量斜距（m）；

δ ——倾角(°)；

d_i ——胸径(cm)；

H——树高(m)；

h_i ——对应角规系数与树相切点的高(m)。

(4)有遮挡条件下角规三径法(4.0, 2.0, 1.0)测材积

①仪器测量及记录要素。立木不同高度处直径 d_i 和高度 h_i ，共需要 3 组值，即 $d_{1.3},d_1,d_2$ 和 $h_0 = 1.3,h_1,h_2$ 。

②实现的功能及模型。

设 $d_i = d_0 - ah_i{}^b$

则 $\Delta d = d_0 - d_i = ah_i{}^b$

即 $\Delta d_i = ah_i{}^b$ 取对数计算得到

$$a = 10^{\frac{\lg h_2 \lg \Delta d_1 - \lg h_1 \lg \Delta d_i}{\lg h_2 - \lg h_1}}$$

$$b = \frac{\lg \Delta d_1 - \lg \Delta d_2}{\lg h_1 - \lg h_2}$$

其中，$\Delta d_1 = d_0 - d_1$ ，$\Delta d_2 = d_1 - d_2$ 。推出最高处的树高。

材积计算

$$V = \frac{10^{-4}}{4}\pi \Big[1.3d_{1.3}{}^2 + \frac{1}{3}\sum_{i=1}^{2}(d_i{}^2 + d_{i+1}{}^2 + d_i d_{i+1})(h_{i+1} - h_i) + \frac{1}{3}d_2{}^2(H - h_2)\Big]$$

$d_1 = d_{1.3}$

$h_i = L_i \sin\delta_i$

$h_1 = 1.3$ 　　　　　　　　　　　　　　　　　　　　　　　(3-25)

式中　V——立木材积(m^3)；

L_i——测量斜距(m)；

δ——倾角(°)；

d_i——胸径(cm)；

H——树高(m)；

h_i——对应角规系数与树相切点的高(m)。

3.3.5　圆形样地测量

3.3.5.1　仪器测量及记录要素

半径 $R = 5.64$m 内的立木株数(N)，立木胸径(D)及树高(H)。

3.3.5.2 实现的功能及模型

选择一点 O 作为测树枪的观测点，记录半径 $R = 5.64\text{m}$ 内的所有立木的株数（N），并测量每棵树的胸径（D）及树高（H）（图 3-9）。

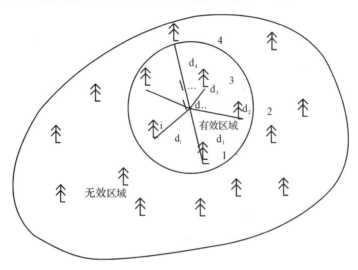

图 3-9 圆形样地测量原理

圆形样地测量原理（图 3-10）如下：在任一测点上，以任意水平方向为起始方向，从该起始方向起，在半径 $R = 5.64\text{ m}$ 的圆形范围内绕测 1 周（360°），绕测结束后，测树枪自动统计株数 N，利用式（3-16）计算出株数密度 ρ（株/ hm^2）。测量步骤如下：①按 A 键，打开激光指向，再按一次 A 键，则开始测量。②选一棵树作为起测树开始测量，保持仪器水平照准被测树后，如果被测树在半径内，则仪器蜂鸣器响，这时按 A 键，则计数（如果不在半径内则蜂鸣器不响，不用计数）。③依次绕测一圈，回到测量的第一棵树，按 F 键，则测量完成，查看测量结果。如果长按 C 键，则可以对当前结果进行保存，如果按 F 键，则数据清 0，可从步骤①开始重新进行测量。

$$\rho = \frac{N}{\pi R^2} \tag{3-26}$$

式中 N——在半径 R 的圆形范围内绕测 1 周，测树枪所测的树木株数（株）；

      R——测量半径（m），即 5.64m；

      ρ——株数密度（株/ hm^2）。

圆形样地的林分密度为

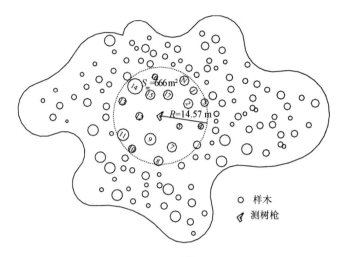

图 3-10　测量原理

注：S_m 为测量面积；R 为测量半径；$11 \sim N$ 为计数木编号

$$\rho = \frac{N}{S} = \frac{100N}{\pi R^2} \ (株/hm^2) \tag{3-27}$$

式中　N——有效区域内的所有立木的株数（株）；

　　　R——规定半径数值，即 5.64m。

每棵树的立木材积为

$$V_i = g_{1.3}(h_i + 3)f_\varepsilon \tag{3-28}$$

式中　$g_{1.3}$——每棵树的胸径断面积；

　　　h_i——每棵树的树高；

　　　f_ε——实验形数，实验形数选 $f_\varepsilon = 0.415$。

圆形样地的蓄积量为

$$M = \frac{\sum V_i}{S} \tag{3-29}$$

但是，由于这里根据圆形样地的测量半径 $R = 5.64$，已知 $S = 100 \ m^2$，所以计算蓄积 M 时，用下式：

$$M = 100 \sum_{i=1}^{n} V_i \tag{3-30}$$

式中　V_i——每棵树的材积；

　　　S——圆形样地的面积为 $100m^2$；

M——蓄积量(V/S)(m^3/hm^2)。

备注：蓄积量也可以使用平均实验形数法，f用针叶和阔叶的平均值。

$$M = G_{1.3} \cdot \bar{H} \cdot \bar{F} \tag{3-31}$$

式中　$G_{1.3}$——为胸高断面积；

　　　$\bar{F}$——取平均形数，$\bar{F} = 0.472$；

　　　$\bar{H}$——实测林分平均高。

圆形样地林分平均高为

$$\bar{H} = \frac{\sum_{i=1}^{N} H_i}{N}$$

$$\bar{H}_u = 100\sqrt{\frac{Z_h}{\rho}}$$

$$\bar{H} = \bar{H}_u + 1.3 \tag{3-32}$$

式中　ρ——株数密度（株数/hm^2）；

　　　Z_h——绕测 1 周株数累加值（株）；

　　　$\bar{H}_u$——1.3m 以上部分的平均高（m）；

　　　$\bar{H}$——林分平均高（m）。

径阶比例为

$$n_i = \frac{N_i}{N}(100\%) \tag{3-33}$$

式中　N_i——对应径阶为 i 的立木株数，i 为偶数，胸径在（$i,i+2$）内的径阶为 i；

　　　N——圆形样地内有效立木株数。

3.3.6　多边形样地测量

3.3.6.1　仪器测量及记录要素

在测站点到每棵树的斜距 L_i，倾角 δ_i 和磁方位角 α_i，以及每棵树的胸径 D_i 和树高 H_i。

3.3.6.2　实现的功能及模型

（1）多边形样地测量

抽样设计一个测点 A，并选一棵离测点最近的树 1，称为中心树；然后以该中心树1为中心,东、南、西、北4个方向形成4个象限,每个象限选取离中心树最近的两棵树为观测树,若某最近树恰好在坐标轴上,则这棵树计为相邻两个象限为逆时针方向角度较小的那一个象限,这样,中心树与观测树共计9棵(图3-11)。在测点A上观测每棵树的斜距L_i,倾角δ_i和磁方位角α_i,以及每棵树的胸径D_i,树高$H_i(i = 1, 2, \cdots, 9)$可以在任意点测量,但必须按顺序编号。

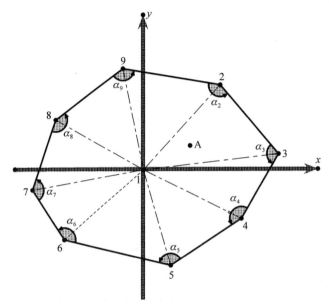

图 3-11   多边形样地测量

(2)测站点上各目标点(或被测木)的坐标测量

①测站点坐标设为$A(0, 0)$。

②各目标点坐标计算

$$\begin{cases} X_i = X_A + L_i\cos\delta_i\cos\alpha_i \\ Y_i = Y_A + L_i\cos\delta_i\sin\alpha_i \end{cases} \tag{3-34}$$

式中 X_i, Y_i——第i株树木点坐标;

$\quad\quad X_A, Y_A$——安置仪器点A的坐标;

$\quad\quad L_i$——A、i两点之间的水平距离;

$\quad\quad \alpha_i$——磁方位角,$i = 1, 2, \cdots, 9$。

利用数模①$M = \dfrac{1}{4}\pi f_\theta \sum\limits_{i=1}^{n} P_i D_i 2(H_i + 3)/S$,实时计算该测点森林蓄积$M$,

其中，f_θ 为实验形数，主要树种的 f_θ 查表可得，但是考虑到仪器的操作，取平均形数 $f_\theta = 0.472$；$P_i = \dfrac{\alpha_i}{2\pi}$，$\alpha_i$ 表示第 $i-1$ 株数和 $i+1$ 株数所构成的夹角，根据数模 ② $S_{i-1,i} = \sqrt{(x_i - x_{i-1})^2 + (y_i - y_{i-1})^2}$，$S_{i,i+i} = \sqrt{(x_{i+1} - x_i)^2 + (y_{i+1} - y_i)^2}$，$S_{i-1,i+1} = \sqrt{(x_{i+1} - x_{i-1})^2 + (y_{i+1} - y_{i-1})^2}$ $\alpha_i = \arccos\left(\dfrac{S_{i-1,i}{}^2 + S_{i,i+1}{}^2 - S_{i-1,i+1}{}^2}{2S_{i-1,i}S_{i,i+1}}\right)$ $(i = 3,4,\cdots,8)$ 求得，其中当 $i = 2$ 时，$i-1 = 9$，当 $i = 9$ 时，$i+1 = 2$；S 为地块面积，$S_n = \dfrac{1}{2}\sum\limits_{i=1}^{n} x_i(y_{i+1} - y_{i-1}) = \dfrac{1}{2}\sum\limits_{i=1}^{n} y_i(x_{i+1} - x_{i-1})$；同时，利用数模 ③ $\bar{H} = \dfrac{\sum\limits_{i=1}^{n} P_i H_i}{\sum\limits_{i=1}^{n} P_i}$ 实时计算该地块林分平均高 $\bar{H}$（单位 m）；其平均密度按数模 ④ $N = \left(\sum\limits_{i=1}^{n} P_i / S\right) \times 10^4$（单位：棵/hm²）；该地块径阶分布 N_j（单位：棵）利用数模 ⑤ $N_j = \dfrac{P_j}{\sum\limits_{i=1}^{n} P_i}N$ 求得，其中，j 为第 j 径阶株数，$\sum\limits_{j=1}^{n} N_j = N$。这样，就完成了对该地块森林蓄积、林分平均高、平均密度及径阶分布数据的获取。再抽样另一个测点 B，重复以上步骤即可获得第二块样地的相关数据。

3.3.7 精密角规测量原理

角规是以一定视角构成的林分测定工具，按照既定视角在林分中有选择地计测为数不多的林木就可以高效率地测定出有关林分调查因子。电子测树枪的角规测树功能依据毕特利希（Bitterlich W，1947）创立的理论和方法设计，根据林分条件等调查实际情况选择不同的断面积系数 F_g，通常为 0.5，1，2，4。在电子测树枪前端安装有可旋转机械拨片，根据 0.5、1、2、4，4 种角规断面积系数和测树枪粗瞄器到拨片的距离 $L_K = 73.44$ mm，开 4 个缺口，如图 3-12 所示。不同断面积系数 F_g 对应不同的角规开口宽度，4 种角规断面积系数 0.5，1，2，4 对应的开口宽度分别为 1.042 28mm、1.468mm、2.069 88mm 和 2.936 mm。

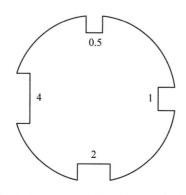

图3-12   不同断面积系数角规开口宽度示意

注：0.5、1、2、4 为 4 种角规断面积系数

（1）断面积计算

使用时在林分内选择有代表性的角规点，根据林分平均直径大小、疏密度、通视条件及林木分布状况等因素选用适当大小的断面积系数 F_g，以角规点为圆心，视线通过角规片缺口产生固定视角，顺时针或逆时针绕测 1 周，树干胸径与视角 2 条边相割计数为 1，相切计数为 0.5，相离计数为 0。在测点上依次对周围林木逐株观测，不重复也不遗漏，绕测 1 周后计数总和为 Z_i，再将若干个测点的绕测结果取平均数为 Z，则林木每公顷断面积 G 即可表示为式（3-35）：

$$G = F_g \cdot Z \tag{3-35}$$

式中 G——每公顷断面积（$\mathrm{m^2/hm^2}$）；

F_g——断面积系数；

Z——所有测点平均计数值（株）。

需要特别说明的是，本文中的测树枪用于角规测树时，具有坡度改正功能，利用测树枪内置的倾角传感器，可以在观察过程中测得每株被测树坡度值 θ_i，绕测结束后，确定总计数木的株数 Z_θ，按式（3-36）求出样点上、下坡方向的平均坡度 θ，然后根据式（3-37）计算改正后计数木的株数 Z_g。进一步按式（3-35）求出林地上每公顷断面积。

$$\theta = \frac{1}{Z_\theta} \sum_{i=1}^{Z_\theta} \theta_i \tag{3-36}$$

式中 θ_i——每株被测树坡度值(°);

Z_θ——总计数木的株数(株);

θ——样点上下坡方向的平均坡度值(°)。

$$Z_g = Z_\theta \cdot \sec\theta \tag{3-37}$$

式中 Z_g——坡度改正后的总计数木的株数(株)。

记录计数木坐标(极坐标)、树高、胸径。

(2)计算加权平均高

$$\bar{H} = \frac{\sum_{i=1}^{N} h_i G_i}{\sum_{i=1}^{N} G_i} \tag{3-38}$$

式中 N——计数木株数;

h_i, G_i——各径阶林木算术平均高和胸高断面积。

①不分径阶计算

$$g_i = \frac{1}{4}\pi D_i^2 \tag{3-39}$$

$$G_i = \sum_{i}^{n} g_i \ (\text{m}^2/\text{hm}^2) \tag{3-40}$$

$$K = \sum_{i=1}^{N} \frac{1}{G_i} \ (\text{株}/\text{hm}^2) \tag{3-41}$$

②分径阶计算

$$N_j = F_g * (Z_j/G_j) \tag{3-42}$$

径阶比例

$$n_i = \frac{N_i}{N} \tag{3-43}$$

式中 N_i—— 对应径阶为 i 的立木株数,i 为偶数,胸径在 $(i, i+2)$ 内的径阶为 i;

N——圆形样地内有效立木株数。

根据各径阶统计株数,并且排序,得出统计结果(表3-1)。

表 3-1   密度—每公顷林木株数计算

计号	胸径(cm)	$1/g_i$	径阶	$1/g_i$	Z_j	各径阶株数 $N_j = F_g * (Z_j/G_j)$
1	7.63	218.71	8	198.94	2	397.89
2	8.27	186.17	10	127.32	1	127.32
3	9.23	149.45	12	88.42	1	88.42
4	11.70	93.01	16	49.74	1	49.74
5	15.20	55.11	—	—	—	—
合计		702.45 (不分径阶)		464.42		663 (分径阶)

蓄积利用平均形数计算：

$$M = G_{1.3} \bar{H} \bar{F} \ (\text{m}^3/\text{hm}^2)$$ (3-44)

式中 $G_{1.3}$ ——为胸高断面积；

$\bar{F}$ ——取平均形数，$\bar{F} = 0.472$；

$\bar{H}$ ——实测林分平均高。

3.3.8   大小比数

先测量 1 株参考树的胸径 D，然后测量参考树周围的 4 株相邻木的胸径与参考树的胸径做对比，大于参考树胸径的计为 1，小于参考树胸径的计为 0，然后计算大小比数 U(图 3-13)。

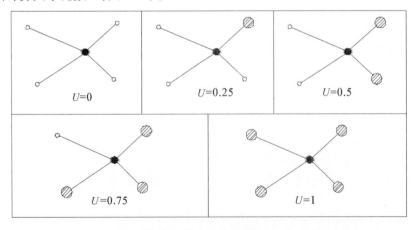

图 3-13   大小比数测量

$$U = \frac{1}{4} \sum_{i=1}^{4} k_i \, , \, k_i = \begin{cases} 0, & \text{如果相邻木 } i \text{ 比参考树小} \\ 1, & \text{如果相邻木 } i \text{ 比参考树大} \end{cases} \quad (3\text{-}45)$$

3.3.9 混交度

混交度用来说明混交林中树种空间隔离程度，它被定义为对象木的最近邻木与对象木属不同种的个体所占的比例，用公式表示为：

$$M_i = \frac{1}{n} \sum_{j=1}^{n} v_{ij}, v_{ij} = \begin{cases} 1, & \text{当对象木 } i \text{ 与第 } j \text{ 株最近邻木属不同树种} \\ 0, & \text{当对象木 } i \text{ 与第 } j \text{ 株最近邻木属同一树种} \end{cases} \quad (3\text{-}46)$$

式中　M_i——林木 i 处的点混交度；

　　　n——最近邻木株数。

按式(3-46)计算的混交度是以对象木为中心的局部混交度，可称为点混交度。林分混交度是点混交度的平均值，公式为：

$$M = \frac{1}{N} \sum_{i=1}^{N} M_i \quad (3\text{-}47)$$

式中　M——林分混交度；

　　　N——林分内林木株数；

　　　M_i——第 i 株树木的点混交度。

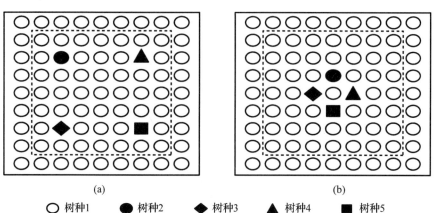

(a)　　　　　　　　　　(b)

○ 树种1　● 树种2　◆ 树种3　▲ 树种4　■ 树种5

图 3-14　混交度观测

例如：图 3-14 中，$M_a/M_b = 8/25 \approx 0.1633$，$M_a$ 为图 a 的 M 值，M_b 为图 b 的 M 值。

3.3.10　株数密度测量

　　株数密度(ρ)是指单位面积上的林木株数，直接反映出每株林木平均占有的营养面积和空间的大小。它是造林、营林、林分调查及编制林分收获表中经常采用的林分密度指标。现有测定方法依靠人工测量单位面积林地内的林木株数，费时费力，记录和存储不便。为了更加方便的计算株数密度，利用电子测树枪内置的激光测距传感器和计数器，开发了株数密度测量功能，能方便快速的测量株数密度。如图 3-15 所示，测量原理如下：在任一测点上，以任意水平方向为起始方向，从该起始方向起，在半径 $R = 14.57\ m$ 的圆形范围内绕测 1 周(360°)，绕测结束后，测树枪自动统计株数 N，利用式(3-31)计算出株数密度 ρ(株/ hm^2)。测量步骤如下：①按 A 键，打开激光指向，再按一次 A 键，则开始测量。②选一棵树作为起测树开始测量，保持仪器水平照准被测树后，如果被测树在半径内，则仪器蜂鸣器响，这时按 A 键，则计数(如果不在半径内则蜂鸣器不响，不用计数)。③依次绕测一圈，回到测量的第一棵树，按 F 键，则测量完成，查看测量结果。如果长按 C 键，则可以对当前结果进行保存，如果按 F 键，则数据清 0，可从步骤①开始重新进行测量。

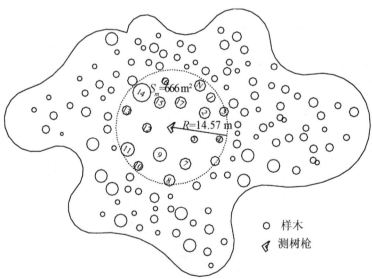

图 3-15　株数密度测量原理

注：S_m 为测量面积；R 为测量半径；$11 \sim N$ 为计数木编号

$$\rho = \frac{15N}{\pi R^2} \tag{3-48}$$

式中 N——在半径 R 的图形范围内绕测 1 周，测树枪所测的树木株数（株）；

R——测量半径（m）即 14.57m；

ρ——株数密度（株/hm^2）。

3.3.11 林分平均高测量

林分平均高测量原理依据日本的平田种男（1955）提出的垂直点抽样原理设计，为解决林分内遮挡而导致树基不可见的问题，在平田种男的理论基础上做了改进，如图 3-16 所示，一是将观测树基改为观测胸径处；二是由于该设备内部的测角传感器能自动测量倾角正负，解决了需要人工判断俯视和仰视角度的正负问题。利用测树枪内置的 $MEMS$ 测角传感器的倾角测量功能，测量观测点到树梢的倾角 β_u，观测点到被测树主干离地表面 1.3 m 处的倾角 β_l，计算出 β_l 与 β_u 的正切值之差（$\tan\beta_l - \tan\beta_u$），即 2 次观察的坡率读数之差，用之与临界角 $\beta_c = 60°34'$ 的坡率 $100 \times \tan60°34' = 177.2\%$ 进行大小比较，判断计数值，大者计数为 1 株，小者计数为 0 株，相等者计数为 0.5 株。依据上述测量方法，在任一测点上，按顺时针方向或逆时针方向测量可视范围内的所有树木，绕测 1 周结束后，株数累加值为 Z_h 株，根据式（3-49）计算出 1.3 m 以上的平均高 $\bar{H}_u$，进一步根据式（3-50）计算林分平均高 $\bar{H}$。

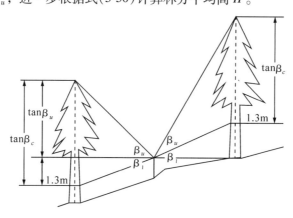

图 3-16 林分平均高测量原理

注：β_u 为观测点到树梢的倾角；β_l 为观测点到被测树主干离地表面 1.3 m 处的倾角；β_c 为临界角

$$\overline{H}_u = 100 \sqrt{\frac{Z_h}{\rho}}$$ (3-49)

式中　ρ——株数密度(株/hm²)；

　　　　Z_h——绕测 1 周株数累加值(株)；

　　　　$\overline{H}_u$——1.3 m 以上部分的平均高(m)。

$$\overline{H} = \overline{H}_u + 1.3$$ (3-50)

式中　$\overline{H}$——林分平均高(m)。

3.4　测树枪的操作方法

3.4.1　基本测量

首先选择基本测量功能，然后按 F4 进入。在项目管理中可以选择 3 个选项，其中新建一个项目是建立一个新的项目，继续一个项目是继续之前建立的项目，发送数据是在与电脑传输数据的时候选择需要发送的项目。

下面选择新建一个项目为例进行操作，测树枪每次会自动建立一个新的项目名称，点击"确定"显示当前需要测量的点号。

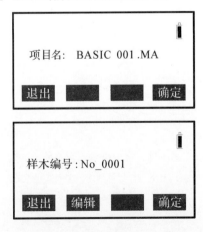

点击确定即可进入基本测量界面，瞄准测量点或测量样木按 F0 即可对该点进行方位角、倾角和斜距的测量。按 F4【保存】可以保存该点的这 3 个数据，如果对测量该点不满意可以按 F3【重测】对该点进行重测。

注意：方位角为当前地方磁方位角，需结合当地磁偏角计算真实方位角。

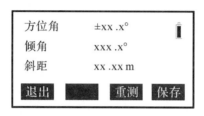

3.4.2 闭合导线及标定

①手持测树枪站在起始点，瞄准下一个观测点，扣动扳机，仪器自动计算并显示坐标。

②按照闭合顺序重复步骤①依次对观测点进行观测，如图 3-17 所示。

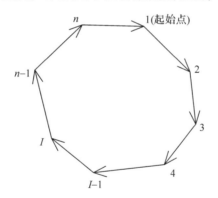

图 3-17 闭合导线及标定

③将所有观测点测量完毕之后（即在 n 点观测 1 点后），按【计算】键可显示每个观测点的坐标和测区面积 $S(\text{m}^2)$。

3.4.3 极坐标法测量

①手持测树枪瞄准第一观测点，扣动扳机仪器自动显示该点坐标。

②按照闭合顺序重复步骤 1 依次对观测点进行观测，如图 3-18 所示。

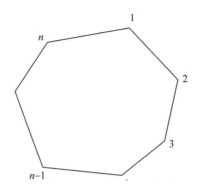

3-18 手持测树枪极坐标法测量

③将所有观测点测量完毕之后，按【计算】键可显示每个观测点的坐标和测区面积 $S(\mathrm{m}^2)$。

3.4.4 单木测量

单木测量主要有 6 个测量功能，操作简易说明如图 3-19 所示：

单木测量 1/2
树高测量
角规测胸径
形数法测材积

单木测量 2/2
望高法测材积
三四径法测材积
定点测胸径

图 3-19 单木测量功能介绍

（1）树高测量

①手持测树枪瞄准树的胸径处，扣动扳机。

②保持测树枪中心位置不动抬高枪口瞄准树梢扣动扳机，测树枪计算并显示树高。

（2）角规测胸径

①手持测树枪，眼睛通过 $F_g = 4.0$ 的角规系数观测口瞄准树的胸径处。

② 观测者前后移动直到让观测口与立木胸径处相切，扣动扳机测树枪自动计算并显示立木胸径。

（3）形数法测材积

①手持测树枪，眼睛通过 $F_g = 4.0$ 的角规系数观测口瞄准树的胸径处。

② 观测者前后移动直到让观测口与立木胸径处相切，扣动扳机测树枪自动计算并显示立木胸径。

③ 对该立木进行树高测量，按【计算】测树枪自动计算并显示立木胸径，树高和材积。

（4）望高法测材积

①手持测树枪，眼睛通过 $F_g = 4.0$ 的角规系数观测口瞄准树的胸径处。

②观测者前后移动直到让观测口与立木胸径处相切，扣动扳机测树枪自动计算并显示立木胸径。

③保持枪中心位置不动，将角规片调至 $F_g = 1.0$，缓慢抬高枪口，直到让观测口与立木某处直径相切，扣动扳机测树枪自动计算并显示立木胸径和材积。

（5）三四径法测材积

①手持测树枪，眼睛通过 $F_g = 4.0$ 的角规系数观测口瞄准树的胸径处；

②观测者前后移动直到让观测口与立木胸径处相切，扣动扳机测树枪自动计算胸径。

③保持枪中心位置不动，将角规片依次调至 $F_g = 2.0$，缓慢抬高枪口，在观测口与立木某处直径相切时，扣动扳机，测树枪自动计算此处直径。

④保持枪中心位置不动，将角规片依次调至 $F_g = 1.0$，$F_g = 0.5$，重复步骤③，测树枪自动计算各处直径。

⑤最后，瞄准树梢，扣动扳机然后按【计算】，测树枪自动计算并显示立木材积。

（6）定点测胸径

①手持测树枪，眼睛通过比尺口瞄准树的胸径处，扣动扳机。

②手动输入步骤①观测时估测的比尺距，测树枪自动计算并显示立木胸径。

（7）株数密度

①手持测树枪，通过 F2【增加】和 F3【减少】设置一个测量半径，按 F4【继续】。

②用测树枪瞄准某一方向的立木胸径处，扣动扳机，如果在设置的测量半径内，测树枪自动计数，否则不计数。

③保持测树枪位置不移动，重复步骤②，直至旋转测树枪一圈，按【计算】测树枪自动计算并显示株数密度。

3.4.5　角规计数

步骤一：选择角规系数。

角规系数 F_g 的选择原则：

①观测株数以 10～20 株为宜。

②以林分平均直径和林分密度控制。

林分特征	F_g
D_g 为 8～16cm，P 为 0.3～0.5 的中龄林	0.5
D_g 为 17～28cm，P 为 0.6～1.0 的中、近熟林	1.0
D_g 为 28cm 以上，P 为 0.8 以上的成、过熟林	2.0 或 4.0

注：D_g 为平均直径，P 为林分密度。

步骤二：选点绕测计数。

在远离林缘的林内选一个测点，以此点为旋转中心，绕测一周并计数。绕测过程中，逐一观测树木，当其与角规视线相切时，按"0.5"按键计数；当其与角规视线相割时，按"1"按键计数。

注意：观测时，眼睛紧贴测树枪瞄准器。

3.4.6　林分平均高测量

①操作员手持测树枪，保持测树枪中心位置不动，瞄准任意方向的立木胸径处扣动扳机，自动记录倾角 β_1，然后瞄准树梢扣动扳机，自动记录倾角 β_2。然后计算 $P = \tan\beta_2 - \tan\beta_1$ 并将 P 与 1 作比较：若 $P > 1$ 则计数 1，若 $P = 1$ 则计数 0.5，若 $p < 1$ 则不计数。

②操作员依次对准被测木按照顺时针（或逆时针）绕测一周，视野内立木按照步骤①进行判定计数。

③一周测量结束后，操作员按下【确定】键，测树枪显示并保存计数木株数和林分平均高。

3.4.7　圆形样地测量

步骤一：测量株数密度，并对范围内的被测木编号。

①操作员甲手持测树枪，保持测树枪中心位置不动且枪口水平，瞄准任

意方向然后扣动扳机，测树枪打开激光测距功能。

②操作员甲依次对准被测木扣动扳机，当立木与测树枪的距离在 5.64m 以内时，测树枪自动记录并显示株数，同时提醒操作员乙对该株被测木编号。

③一周测量结束后，操作员甲按下【确定】键，测树枪按株数密度测量原理计算株数密度，保存并显示。至此，圆形样地范围被确定，样地内被测木编号完成。

步骤二：按步骤 1 中对样木的编号顺序依次测量立木的胸径和树高。

①按样木编号顺序测量胸径。

②按样木编号顺序测量树高。

③一株样木的胸径和树高测量完成后，按照编号顺序依次测量下一株样木。

步骤三：计算并显示。

①在完成步骤 1 和步骤 2 后，测树枪获得了样地株数密度，样木胸径，树高。

②按下【计算】键后，测树枪自动计算并显示出各样木的材积 V_i，以及样地林分平均高 $\bar{H}$，蓄积 M，各径阶比例 n_i，并且再次显示株数密度 ρ。

3.4.8 多边形样地测量

步骤一：测量株数密度，并对范围内的被测木编号。

①操作员甲手持测树枪，保持测树枪中心位置不动且枪口水平，瞄准一株树的胸径处扣动扳机，然后依次在每个象限选择两株树按照闭合顺序扣动扳机，同时提醒操作员乙对被测木依次编号 1，2，…，9。

②测量结束后，操作员甲按下【确定】键，测树枪按株数密度测量原理计算株数密度，保存并显示。至此，多边形样地范围被确定，样地内被测木编号完成。

步骤二：按步骤 1 中对样木的编号顺序依次测量立木的胸径和树高。

①按样木编号测量胸径。

②按样木编号测量树高。

③一株样木的胸径和树高测量完成后，按照编号顺序依次测量下一株样木。

步骤三：计算并显示。

①在完成步骤 1 和步骤 2 后，测树枪获得了样地株数密度，样木胸径，树高。

②按下【计算】键后，测树枪自动计算并显示出各样木的材积 V_i，以及样地林分平均高 $\bar{H}$，蓄积 M，各径阶比例 n_i，并且再次显示株数密度 ρ。

3.4.9　精密角规测量

步骤一：选择角规系数，并对范围内的被测木编号。

①操作员甲手持测树枪，保持测树枪中心位置不动且枪口水平，通过角规系数观测口瞄准任意一株树的胸径处，若观测口与胸径相切或相割则扣动扳机，之后选择 0.5 或 1.0，同时提醒操作员乙对被测木依次编号。

②测量结束后，操作员甲按下【确定】键，测树枪计算株数，保存并显示。至此，多边形样地范围被确定，样地内被测木编号完成。

步骤二：按样木编号顺序测量胸径和树高。

①按样木编号测量胸径。

②按样木编号测量树高。

③一株样木的胸径和树高测量完成后，按照编号顺序依次测量下一株样木。

步骤三：计算并显示。

①在完成步骤 1 和步骤 2 后，测树枪获得了样地株数密度，样木胸径，树高。

②按下【计算】键后，测树枪自动计算并显示出各样木的材积，以及样地林分加权平均高，蓄积 M，各径阶比例和各径阶株数，不分径阶总株数密度。

3.4.10　角尺度测量

①手持测树枪瞄准第一株参考树（中心树），扣动扳机，测树枪自动记录斜距、倾角和方位角。

②按照闭合顺序重复步骤①对另外 4 株树进行观测，如图 3-20 所示。

③当测到第 5 株树时，按下【确定】键，测树枪将计算并显示每株树的坐标 (x_i, y_i) 和角尺度 W。

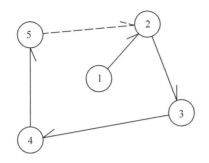

图 3-20 角尺度测量原理

3.4.11 大小比数测量

①确定一棵中心树(参考树),和紧邻的四棵树,手持测树枪,按照右图的顺序依次测量 5 棵树的胸径。

②测量结束后,按【确定】键,测树枪自动计算并显示 5 棵立木的胸径(d_1 , d_2 , d_3 , d_4 , d_5)和大小比值 U 。

3.4.12 混角度测量

开机设置,如图 3-21 所示。

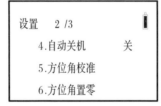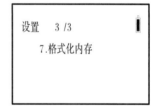

图 3-21 混角度测量设置

按 F2,F3 上下选择,按 F4 进入设置项,按 F1 退出。

①激光常亮开关。激光长度为开时,不管进入等待测角或测距状态都打开激光用于指示。为关时,仅进入等待测距状态才会打开激光指示。

*注:打开激光指示会消耗比较高的额外功率。

②测距加常数。进入加常数和倾角校准前,显示"长按 F1 键确定进入设置"(图 3-22)。

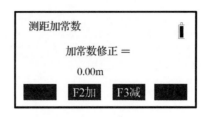

图 3-22   测距加常数设置

按 F4 退出并保存。

③倾角校准。按 F0 进行校正（图 3-23）。

图 3-23   倾角校准

④自动关机功能打开，则 500 s 无按键操作即关闭仪器。

⑤方位角校准。方位角测量受磁场干扰比较大，所以到不同的地方可能就需要对传感器进行校准来对当地的磁场干扰进行修正。

本仪器校准方式为：仪器在缓慢均匀的旋转一圈，用时需 1min 以上。

＊注：开始校准后就需要完成校准，否则会导致仪器修正错误即测方位角错误。

⑥方位角置零。可以自己指定某一方位角为 0°，将测树枪瞄准指定好的方位按 F4。

⑦格式化内存。对仪器内存进行格式化，按照提示依次按 F4→F3→F2→F4。

3.5   后处理软件及应用

3.5.1   软件的主要功能

软件包括 8 个模块，主要有：面积测量，单木测量，样木坐标，样木统计，圆形样地测量，多边形样地测量，精密角规测量，帮助（图 3-24）。

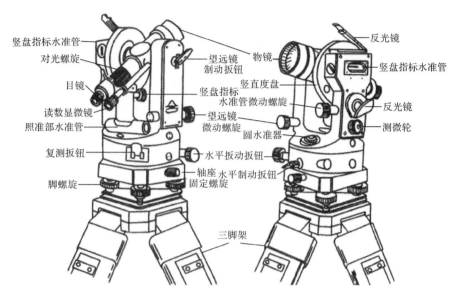

图 3-24　主要功能模块

3.5.2　面积测量

3.5.2.1　极坐标法计算面积操作步骤

①点击"读取数据"，将极坐标测量数据输入软件，软件会自动进行坐标计算（图 3-25）。

序号	倾角	方位角	斜距	X坐标	Y坐标
0	2.1	164.7	9.72	-9.3692	2.5631
1	2	127.9	6.62	-4.0641	5.2206
2	1.9	53.8	5.12	3.0222	4.1294
3	2.3	6.8	10.24	10.1598	1.2115
4	2.3	311.1	6.67	4.3812	-5.0222
5	2.1	250.9	4.59	-1.5009	-4.3344
6	2.2	205.8	10.97	-9.8692	-4.771
				-9.3692	2.5631

图 3-25　极坐标面积测量

②点击"制图"，软件根据计算的坐标自动生成测量示意图（图3-26）。

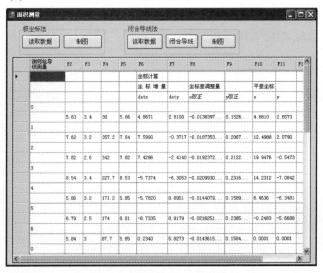

图3-26　极坐标面积制图

③点击"另存图片"，可将测量示意图输出为 bmp 格式的图片。

3.5.2.2　闭合导线法计算面积操作步骤

①点击"读取数据"，将极坐标测量数据输入软件，软件会自动进行坐标计算（图3-27）。

测树枪导线测量	F2	F3	F4	F5	F6	F7	F8	F9	F10	F11	F1
					坐标计算						
					坐标增量		坐标差调整量		平差坐标		
					detx	dety	x改正	y改正	x	y	
0											
	5.63	3.4	30	5.66	4.8671	2.8100	-0.0138397...	0.1526...	4.8810	2.6573	
1											
	7.62	3.2	357.2	7.64	7.5990	-0.3717	-0.0187353...	0.2067...	12.4968	2.0790	
2											
	7.82	2.6	342	7.82	7.4296	-2.4140	-0.0192372...	0.2122...	19.9476	-0.5473	
3											
	8.54	3.4	227.7	8.53	-5.7374	-6.3053	-0.0209930...	0.2316...	14.2312	-7.0842	
4											
	5.86	3.2	171.2	5.85	-5.7820	0.8951	-0.0144079...	0.1589...	8.4636	-6.3481	
5											
	8.79	2.5	174	8.81	-8.7335	0.9179	-0.0216251...	0.2385...	-0.2483	-5.6688	
6											
	5.84	3	87.7	5.85	0.2340	5.8273	-0.0143615...	0.1584...	0.0001	0.0001	
0											

图3-27　闭合导线法计算面积测量

②先点击"闭合导线"然后点击"制图"，软件根据计算的坐标自动生成测量示意图(图 3-28)。

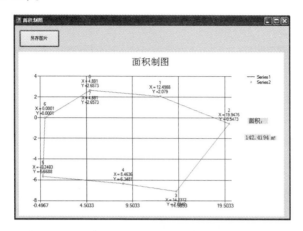

图 3-28 闭合导线法面积制图

③点击"另存图片"，可将测量示意图输出为 bmp 格式的图片。

3.5.3 单木测量

3.5.3.1 二元材积表法计算单木材积操作步骤

首先由主程序进入单木测量功能模块，点击"读取数据"，将测量的单木树高，胸径和树种 3 个要素输入软件，然后点击"二元材积表计算"软件会自动进行单木材积计算(图 3-29)。

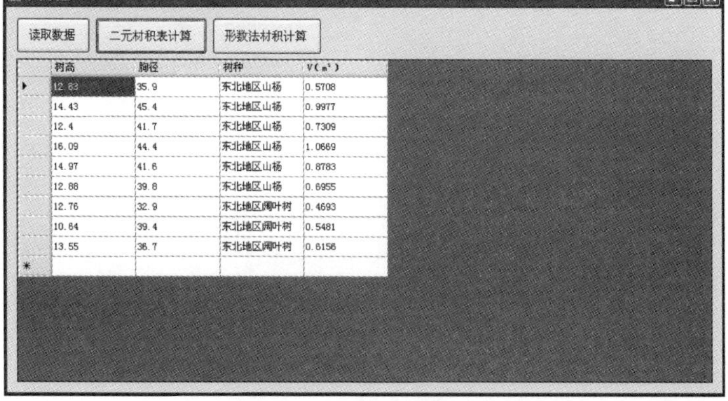

图 3-29 二元材积表计算

3.5.3.2　形数法计算单木材积操作步骤

在单木测量功能模块下，点击"读取数据"，将测量的单木树高、胸径和树种 3 个要素输入软件，然后点击"形数法材积计算"软件会自动进行单木材积计算（图 3-30）。

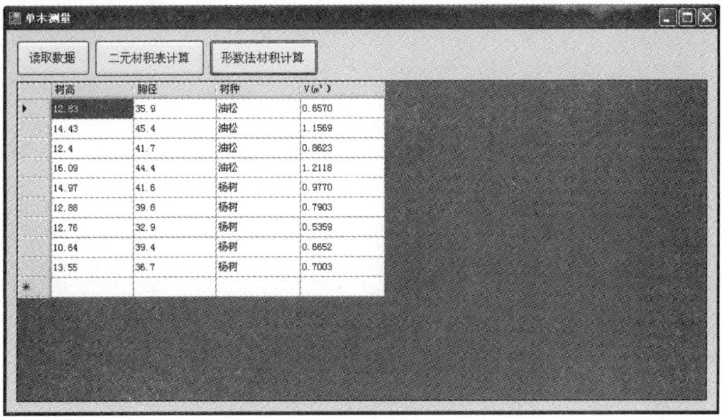

图 3-30　形数法计算单木材积

3.5.4　样木坐标测量

极坐标法计算面积操作步骤：

①点击"读取数据"，将序号及由测树枪测量的倾角、方位角、斜距 4 个字段的测量数据输入软件，然后点击"计算 X，Y"，软件会自动进行样木坐标计算（图 3-31）。

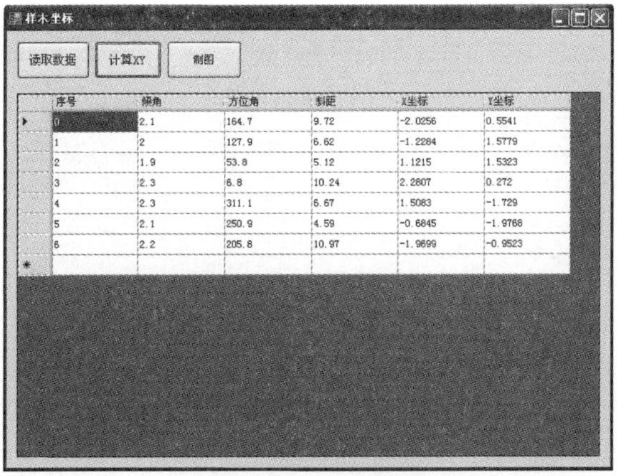

图 3-31　样木坐标测量

②点击"制图"，软件根据计算的坐标自动生成单木坐标示意图(图 3-32)。

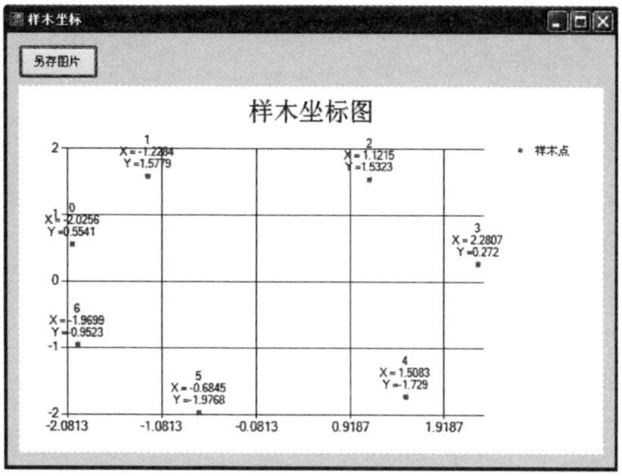

图 3-32 样木坐标

③点击"另存图片"，可将单木坐标示意图输出为 bmp 格式的图片。

3.5.5 样木统计

样木统计操作步骤：

首先进入样木统计测量模块，点击"读取数据"，将按照树号、树种、倾角、方位角、斜距、胸径和树高字段排列的测树枪测量的数据输入软件，然后点击"统计计算"，软件会自动进行平均数高和平均胸径的样木统计计算(图3-33)。

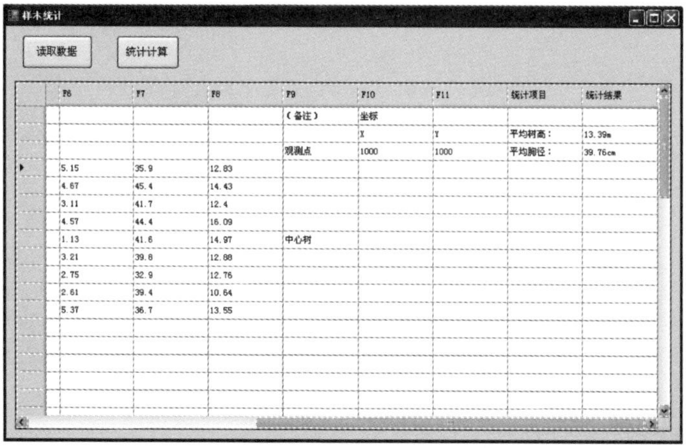

图 3-33 样木统计

3.5.6 圆形样地测量

圆形样地测量操作步骤：

①首先进入圆形样地测量模块，点击“读取数据”，将按照树号，树种，倾角，方位角，斜距，胸径和树高字段排列的测树枪测量的数据输入软件，然后点击“统计计算”，软件会自动进行样木坐标计算和样地株数密度、蓄积量 M、平均树高、平均胸径的计算(图 3-34)。

②点击“制图”，软件根据计算的坐标自动生成径阶比例图(图 3-35)和圆形样地制图(图 3-36)。

F6	F7	F8	F9	F10	F11	统计项目	统计结果
			(备注)	坐标			
				X	Y	株数密度：	900.6052株/hm2
			观测点	0	0	蓄积量M：	126.2129m3/hm2
1.13	12.6	7.2	中心树	-1.1210	-0.0666	平均树高：	7.79m
5.15	7.4	5.6		4.5945	2.3209	平均胸径：	14.14cm
4.67	7.3	4.68		2.3930	3.9984		
3.11	13.5	7.24		-0.4692	3.0660		
4.57	13.2	6.84		-4.3367	1.4342		
3.21	6.6	5.82		-1.9665	-2.5351		
2.75	7.2	6.59		-0.1726	-2.7427		
2.61	36.2	15.64		1.1065	-2.3515		
5.37	23.3	10.51		5.2656	-1.0045		

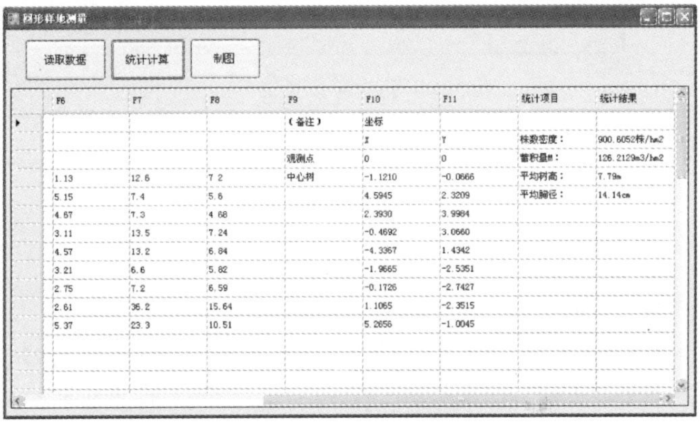

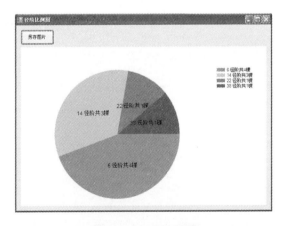

图 3-34 圆形样地测量

图 3-35 径阶比例图

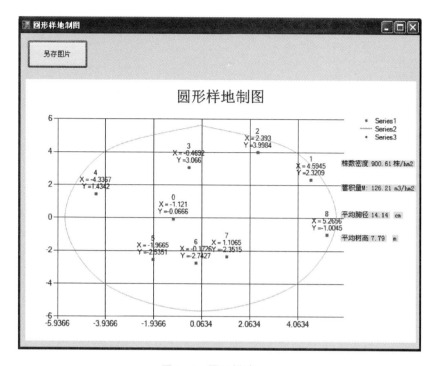

图 3-36　圆形样地制图

③点击"另存图片"，可分别将径阶比例图和圆形样地制图输出为 bmp 格式的图片。

3.5.7　多边形样地测量

多边形样地测量操作步骤：

①首先进入多边形样地测量模块，点击"读取数据"，将按照树号、树种、倾角、方位角、斜距、胸径和树高字段排列的测树枪测量的数据输入软件，然后点击"统计计算"，软件会自动进行样木坐标计算和样地株数密度，蓄积量 M、平均树高、平均胸径和样地面积的计算（图 3-37）。

F7	F8	F9	F10	F11	统计项目	统计结果
		（备注）	坐标			
			X	Y	株数密度：	941.5004株/hm2
		观测点	0	0	蓄积量M：	135.8647m3/hm2
12.6	7.2	中心树	-1.1210	-0.0666	平均树高：	7.90m
7.4	5.6		4.5945	2.3209	平均胸径：	14.14cm
7.3	4.68		2.3930	3.9984	样地面积：	42.49m2
13.5	7.24		-0.4692	3.0660		
13.2	6.84		-4.3367	1.4342		
6.6	5.82		-1.9665	-2.5351		
7.2	6.59		-0.1726	-2.7427		
36.2	15.64		1.1065	-2.3515		
23.3	10.51		5.2656	-1.0045		

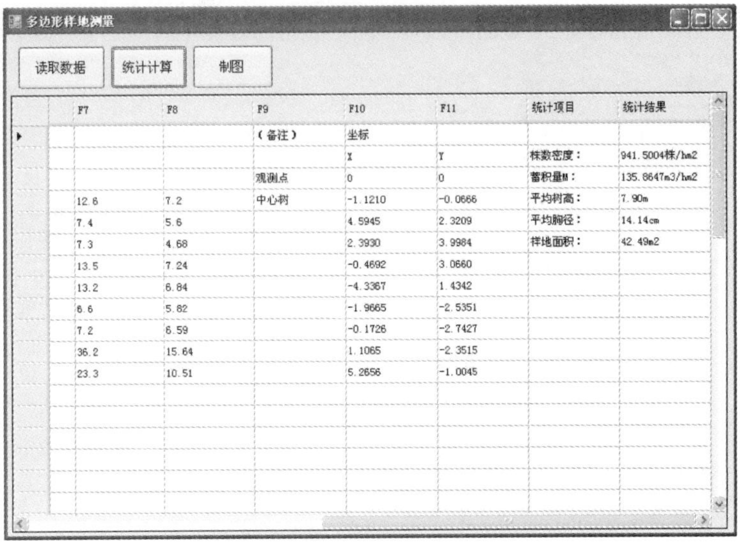

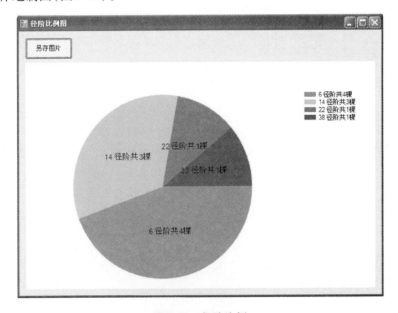

图 3-37 多边形样地测量模块

②点击"制图"，软件根据计算的坐标自动生成径阶比例图(图 3-38)和多边形样地制图(图 3-39)。

图 3-38 径阶比例

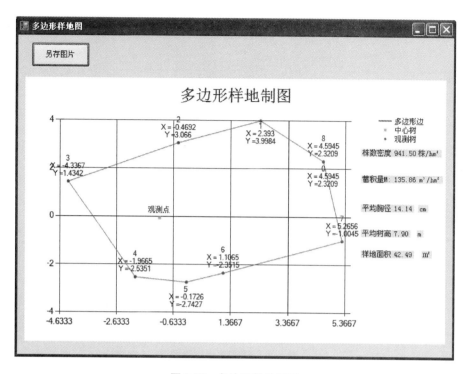

图 3-39　多边形样地制图

③点击"另存图片"，可分别将径阶比例图和多边形样地制图输出为 bmp 格式的图片。

3.5.8 精密角规测量

精密角规测量操作步骤：

①首先进入精密角规测量模块，点击"读取数据"，将按照角规点、F_g、树种、角规计数、胸径、树高、斜距、倾角、方位角、树种、类别和人员字段排列的测树枪测量的数据及后期手动录入数据全部输入软件，然后点击"一键运算"，软件会自动进行单立木的材积计算和样地的平均胸径(cm)，平均树高(m)，每公顷株数(株)，每公顷蓄积量(m^2)的计算(图 3-40)。

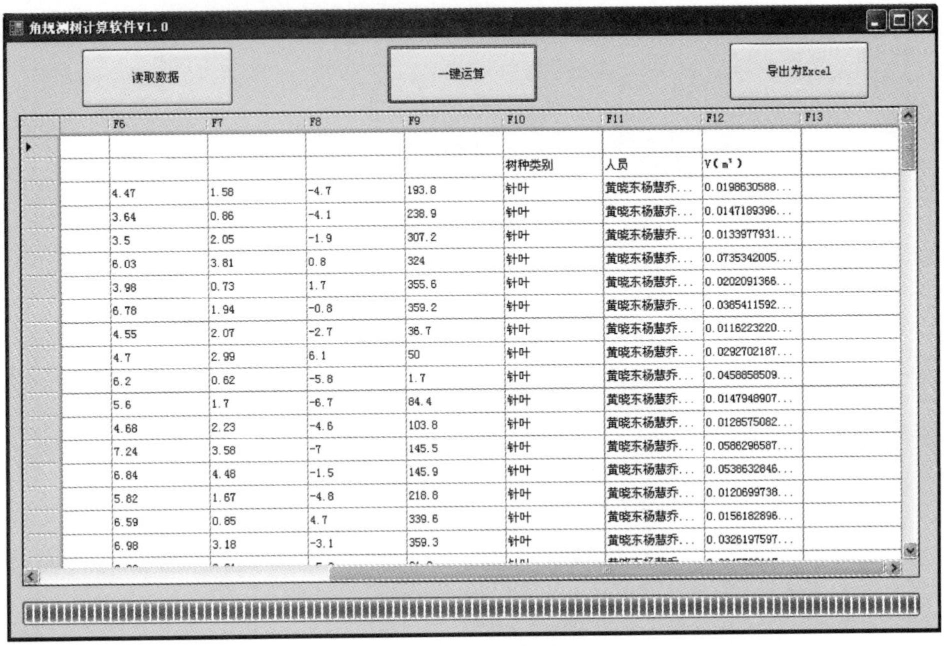

角规测树计算软件V1.0

读取数据　　　　一键运算　　　　导出为Excel

F6	F7	F8	F9	F10	F11	F12	F13
				树种类别	人员	V（m³）	
4.47	1.58	-4.7	193.8	针叶	黄晓东杨慧乔…	0.0198630588…	
3.64	0.86	-4.1	238.9	针叶	黄晓东杨慧乔…	0.0147189396…	
3.5	2.05	-1.9	307.2	针叶	黄晓东杨慧乔…	0.0133977931…	
8.03	3.81	0.8	324	针叶	黄晓东杨慧乔…	0.0735342005…	
3.98	0.73	1.7	355.6	针叶	黄晓东杨慧乔…	0.0202091366…	
6.78	1.94	-0.8	359.2	针叶	黄晓东杨慧乔…	0.0385411592…	
4.55	2.07	-2.7	36.7		黄晓东杨慧乔…	0.0116223220…	
4.7	2.99	6.1	50		黄晓东杨慧乔…	0.0292702187…	
6.2	0.62	-5.8	1.7	针叶	黄晓东杨慧乔…	0.0458858509…	
5.6	1.7	-6.7	84.4	针叶	黄晓东杨慧乔…	0.0147948907…	
4.68	2.23	-4.6	103.8	针叶	黄晓东杨慧乔…	0.0128575082…	
7.24	3.58	-7	145.5	针叶	黄晓东杨慧乔…	0.0586296587…	
6.84	4.48	-1.5	145.9	针叶	黄晓东杨慧乔…	0.0536632846…	
5.82	1.67	-4.8	218.8	针叶	黄晓东杨慧乔…	0.0120699738…	
6.59	0.85	-3.1	339.6	针叶	黄晓东杨慧乔…	0.0156182896…	
6.98	3.18	-3.1	359.3	针叶	黄晓东杨慧乔…	0.0326197597…	

图 3-40　精密角规测量图

②点击"导出为 Excel"，软件将会把计算后的表格导出到用户指定位置，导出完成后会有提示，点击确定即可完成导出任务（图 3-41）。

提示

C:\Documents and Settings\Administrator\桌面\11.xls
导出完毕！

确定

图 3-41　精密角规数据导出图

3.6　前景与展望

手持式数字化多功能电子测树枪的研制与试验是在数字林业的背景下，对森林计测设备进行功能集成，实现森林计测数字化、精准化、信息化和内外业一体化的一次有益尝试。旨在从森林计测装备入手，探索实现更加快捷高效的森林计测方式。尽管如此，产品还需要进一步研究与完善，例如与 GIS、GPS 结合，增加产品的实用性，产品的效率分析，最适应距离范围的敏感性分析，仪器的操作要点与误差影响分析，各种环境检验与检测分析等将是进一步研究的重点。

参考文献

陈楚敏. 2013. MCCD 与 CCD、CMOS 技术之比较[J]. 中国安防（04）：39 – 42.

陈尔学，李增元，庞勇，等. 2007. 基于极化合成孔径雷达干涉测量的平均树高提取技术[J]. 林业科学，43(4)：66 – 70.

陈金星，张茂震，祁祥斌，等. 2013. 低功耗树木直径生长记录仪[J]. 林业机械与木工设备，41(02)：34 – 37.

陈金星，张茂震，赵平安，等. 2013. 一种基于拉绳传感器的树木直径记录仪[J]. 西北林学院学报，28(04)：188 – 192.

陈树新，王永生，陈飞. 2002. 实时动态载波相位差分 GPS 定位精度分析[J]. 弹箭与制导学报(03)：1 – 5.

陈义伟，李春友，张劲松，等. 2012. 基于多基线近景摄影测量系统的树木形态结构测定技术的研究[J]. 安徽农业科学，40(8)：4628 – 4630.

陈颖，隋宏大，冯仲科，等. 2009. 2 种树高测量方法的测量精度对比分析[J]. 林业调查规划，34(6)：1 – 5.

达来，袁桂芬. 1998. 布鲁莱斯测高器野外测树误差的室内修正[J]. 内蒙古林业调查设计(S1)：68 – 72.

冯仲科，景海涛，周科亮，等. 2003. 全站仪测算材积的原理及精度分析[J]. 北京林业大学学报，25(3)：60 – 63.

冯仲科，罗旭，马钦彦，等. 2007. 基于三维激光扫描成像系统的树冠生物量研究[J]. 北京林业大学学报，29(S2)：52 – 56.

冯仲科，殷嘉俭，贾建华，等. 2001. 数字近景摄影测量用于森林固定样地测树的研究[J]. 北京林业大学学报(6).

冯仲科. 2004. 精准林业[M]. 北京：中国林业出版社.

付甜. 2010. 基于机载激光雷达的亚热带森林参数估测[D]. 合肥：安徽农业大学.

高星伟，李毓麟，葛茂荣. 2004. GPS/GLONASS 相位差分的数据处理方法[J]. 测绘科学(02)：22 – 24.

关毓秀. 1987. 测树学[M]. 北京：中国林业出版社.

闫伟，马岩. 2012. 基于激光测距的树高测量方法研究[J]. 林业机械与木工设备(2)：30 – 32.

杨杰，张凡. 2014. 高精度 GPS 差分定位技术比较研究[J]. 移动通信(02)：54 – 58.

杨丝涵，岳德鹏，冯仲科，等. 2013. 多边形样地法的最优株数选取[J]. 东北林业大学学报(12)：26 – 29.

尹丽丽，李志鹏. 2006. 定高树径测量仪的研究[J]. 林业机械与木工设备，34(1)：22 – 23, 28.

尹艳豹. 2010. 基于机载激光雷达测量的森林资源调查因子联立估计研究[D]. 北京：中国林业科学研究院.

袁凤军，崔凯，廖声熙，等. 2013. 滇中云南松天然林空间结构特征[J]. 西南农业学报(03)：1223 – 1226.

曾伟生. 2014. 杉木相容性立木材积表系列模型研建[J]. 林业科学研究，27(1)：6 – 10.

张九宴，刘晖，黄其欢. 2003. 常用 GPS 载波相位差分电文格式分析与比较[J]. 测绘信息与工程(05)：29 – 30.

张连金，惠刚盈，孙长忠. 2011. 不同林分密度指标的比较研究[J]. 福建林学院学报(03)：257 – 261.

A W S, Q U Z. 2005. Software development for real – time ultrasonic mapping of tree canopy size [J]. Computers and Electronics in Agriculture, 47：25 – 40.

Ab H S, Se H. Electronic measuring tape[P]. 2008 – 11 – 18. url.

Adrian I H, Frédéric M, Leban J. 2007. A digital photographic method for 3D reconstruction of standing tree shape[J]. Annals of forest science, 64：631 – 637.

Anthonie Van Laar A A. 2007. Forest Mensuration[M]. Netherlands：Springer, 78 – 243.

Avery T E, Burkhart H. 1983. Forest Measurements[M]. New York：McGraw – Hill, 331.

Bitterlich W. 1952. Die Winkelzählprobe[J]. Forstwissenschaftliches Centralblatt, 71(7 – 8)：215 – 225.

Bitterlich W. 1947. The angle count method[J]. Allgemeine Forst(58)：94 – 96.

Bragg C D. 2008. An Improved Tree Height Measurement Technique Tested on Mature Southern Pines[J]. Southern Journal of Applied Forestry, 32(1)：38 – 43.

Clark N. 1998. An assessment of the utility of a non – metric digital cam-era for measuring standing trees[D]. Virginia Polytechnic Institute and State University.

第4章 航天遥感与数字摄影森林观测技术

遥感技术自20世纪60年代以来，作为采集地球数据及地球表面变化信息的重要技术手段，在不断成长的过程中，逐步在整个世界范围内得到认可。在进入信息化时代的今天，这一当初以航空摄影技术为基础的新兴技术已经成为地质、航海、林业等多领域的主干支持技术，同时也向着航天遥感迅速发展。自1972年美国发射了第一颗陆地卫星以来，标志着各项事业向航天遥感支撑时代迈进了一步。在经历了初期发展、现代遥感等时代，我们中国的遥感事业也有了突飞猛进的发展。

航空遥感系统搭载的传感器类型具有机动灵活、响应快、成本低、时效性强等优点(毛家好，2010)，与卫星遥感、普通航空遥感技术并行蓬勃发展，被广泛应用于城市环境监测、交通、气象、测量、林业、农业等领域，如气象观测(何洪良，1997)、土地利用变化监测、地球资源勘探(于显利，2012)、海洋资源调查与监测、地形图更新与地籍测量、突发事件处理、自然灾害应急救援服务(雷添杰，2011；陆博迪，2011)、灾情评估等。尤其是在重大自然灾害应急响应、阴云天气低空光学影像获取、局部地区及时遥感以及低空大比例尺高精度测绘等方面，航空遥感系统拥有卫星遥感和普通航空遥感不可取代的作用。

4.1 航天遥感简介

4.1.1 遥感观测

遥感观测也就是我们常说的遥感对地观测，即在空中(或者宇宙空间)对地球进行观测的技术，这里的地球主要包括大气空间和地球的球体空间。通俗地说，遥感对地观测技术就是利用遥感系统中的卫星等观测平台，观测平台以下的所有物质进行观测。但是目前我们大多数的研究都是将地球本身作为观测目标而将大气作为传输路径。从遥感技术建立到不断发展的今天，遥感对地观测技术也有了突飞猛进的发展。

地球体上具有反射、辐射波谱能量的目标均为遥感对地观测技术的观测对象。这些观测对象具有以下特征：①观测对象具有四维空间分布特征；②相邻的观测对象之间互相影响、互为依存的特征；③观测对象的反射、辐射波谱能量分别与所处地理位置、时相、表面粗糙度、地形、温度和湿度等因素有关；④位于观测对象与空中信息获取传感器之间的大气传输介质的影响是时间、空间的函数。这些观测目标的基本特征以及遥感本身的特点，到目前为止已经衍生出很多适合不同领域的不同遥感观测技术。

在此，我们将常见的遥感对地观测技术划分为：航天遥感观测技术、航空遥感观测技术和地面遥感观测技术。这里所说的航天、航空和地面遥感就是基于遥感平台的不同而划分的。所谓遥感平台（Platform），就是搭载遥感传感器的具体工具。而航空、航天和地面的区别又在于平台搭建的高度：航天遥感平台搭建在距地 150km 以上的高空；航空遥感主要是以低、中、高空飞机以及飞艇和气球等为搭载平台，在距地百米到十余千米；而距地在 0～50m 范围内搭载平台的遥感观测技术称为地面遥感。

4.1.2　航天遥感观测

在这些以遥感平台搭载传感器的观测技术中，航天遥感成为我们各项应用和研究的主要支撑技术。我们使用的航天平台均为各个国家针对不同领域研究的卫星。目前最高的是静止卫星，该轨道称为静止轨道，是地球同步轨道。离地面高度为 36 000km，其覆盖范围是事先设定，也就是固定的。但是该轨道上的卫星扫描时间间隔短，几乎可以认为是连续的。在这一轨道上的卫星多安装被动式传感器，成像分辨率较低，在之前多应用于气象服务。

和静止轨道相比较而形成的是极轨轨道卫星。它是与太阳同步轨道。每次过这个地方时间固定，一天两次。离地面高度 600～1000km，可变轨（在轨机动），技术上一段时间进行轨道修正。运行周期 100min 左右。其相邻轨道间隔由轨道倾角和轨道高度决定，在赤道上存在某些空白区。观测范围基本覆盖全球。同一地点采样间隔长，TOPEX 是 9 天两次，ERS－1、2 为 35 天两次，NOAA 和 TERRA 每天两次。

4.1.3　遥感传感器

遥感传感器即遥感器，是用来远距离检测地物和环境所辐射或反射的电磁波的仪器。通常安装在各种不同类型和不同高度的（如飞机、高空气球和航天器)上,一切物体都在不断地发射和吸收电磁波。向外发射电磁波的现象通常称为热辐射。辐射强度与物体的温度和其他物理性质有关,并且是按波长分布的。一切物体都能反射外界来的、照射在它表面上的电磁波,反射强度与物体的性质有关。利用各种波段的不同的遥感器可以接收这种辐射的或反射的电磁波,经过处理和分析,有可能反应出物体的某些特征,借以识别物体。

4.1.3.1 传感器的组成

遥感器的组成无论哪一种传感器,它们基本是由收集系统、探测系统、信号转化系统和记录系统4个部分组成。

(1)收集系统

遥感应用技术是建立在地物的电微波谱特性基础之上的,要收集地物的电磁波必须要有一种收集系统,该系统的功能在于把接收到的电磁波进行聚集,然后关往探测系统。不同的遥感器使用的收集元件不同,最基本的收集元件是透镜、反射镜或天线。对于多波段遥感,收信系统还包括按波段分波束的元件,一般采用各种散元个成分光之件。例如,滤光片、棱镜、光栅等。

(2)探测系统

遥感器中最重要的部分就是探测元件,它是真正接收地物电磁辐射的器件,常用的探测元件有感光胶片、光电敏感元件、固体敏感元件和波导等。

(3)信号转化系统

除了摄影照相机中的光片,电光从光辐射输入到光信号记录,无须信号转化,其他遥感器都有信号转化问题,光电敏感元件、固体敏感元件和波导等输出的都是电信号,从电信号转换到光信号必须有一个信号转换系统,这个转换系统可以直接进行电光转换,也可进行间接转换,先记录在磁带上,再经磁带加放,仍需经电光转换,输出光信号。

(4)记录系统

遥感器的最终目的是要把接收到的各种电磁波信息,用适当的方式输出,输出必须有一定的记录系统,遥感影像可以直接记录在摄影胶片上,也可记录在磁带上等。

4.1.3.2 传感器分类

一般来说,我们在设计传感器时,选用的频率和波段不同,我们以此划分传感器的种类,可分为紫外遥感器、可见光遥感器、红外遥感器等。

（1）紫外遥感器

使用近紫外波段，波长选在0.3～0.4μm范围内。常用的紫外遥感器有紫外摄影机和紫外扫描仪两种。近紫外波段的多光谱照相机也属于这一类。

（2）可见光遥感器

接收地物反射的可见光，波长选在0.38～0.76μm范围内。这类遥感器包括各种常规照相机，以及可见光波段的多光谱照相机、多光谱扫描仪和电荷耦合器件（CCD）扫描仪等。此外，还包括可见光波段的激光高度计和激光扫描仪等。

（3）红外遥感器

接收地物和环境辐射的或反射的红外波段的电磁波已使用的波段约在0.7～14μm范围内。其中0.7～2.5μm波长称为反射红外波段，如红外摄影机采用的波段（0.7～0.9μm），多光谱照相机中的近红外波段，"陆地卫星"上多光谱扫描仪（MSS）中的第6波段（0.7～0.8μm）和第7波段（0.8～1.1μm），专题制图仪（TM）中的第4波段（0.76～0.9μm）、第5波段（1.55～1.75μm）和第7波段（2.08～2.35μm）等3～14μm波长称为热红外波段。机载红外辐射计和红外行扫描仪，"陆地卫星"4号和5号上多光谱扫描仪中第8波段（10.2～12.6μm）和专题制图仪的第6波段（10.4～12.5μm）等部分，都属热红外波段。

（4）微波遥感器

通常有微波辐射计、散射计、高度计、真实孔径侧视雷达和合成孔径侧视雷达等。

按记录数据的不同形式划分，遥感器又可分为成像遥感器和非成像遥感器两类。成像遥感器又细分为摄影式成像遥感器和扫描式成像遥感器2种。

按遥感器本身是否带有探测用的电磁波发射源来划分，遥感器分为有源（主动式）遥感器和无源（被动式）遥感器2类。

遥感器的分类见表4-1。

还有更多的检测环境信息的仪器也可称为遥感器，如声纳、大气遥感中常用的安装在地面的微波辐射计和气象雷达，以及正在研制中的超短脉冲地下探测器等。

表 4-1 遥感传感器分类

波段	被动式遥感器			主动式遥感器	
	摄影式成像	扫描式成像	非成像式	成像式	非成像式
近紫外波段 (0.3~0.4μm)	紫外照相机	紫外扫描仪			
可见光波段 (0.38~0.76μm)	常规照相机(全色、彩色) 多光谱照相机(可见光波段部分)	返束视像管摄像机可见光波段多光谱扫描仪专题制图仪(TM-1,2,3)可见光波段电荷耦合器件刷式扫描仪	可见光辐射计	激光扫描仪	激光高度计
红外波段 反射红外波段 (0.7~2.5μm) 热红外波段 (3~14μm)	多光谱照相机(近红外波段部分)	红外波段多光谱扫描仪专题制图仪(TM-4,5,6,7)近红外波段电荷耦合器件扫描仪	红外辐射计		
微波波段 (1mm~100cm)		微波扫描辐射计	微波辐射计	真实孔径侧视雷达(8mm~3cm)合成孔径侧视雷达(3~25cm)	微波散射计 微波高度计

4.2 主要遥感平台及常用影像数据

　　遥感平台(Remote Sensor)是安装遥感器的飞行器,是用于安置各种遥感仪器,使其从一定高度或距离对地面目标进行探测,并为其提供技术保障和工作条件的运载工具。

　　上一章节,我们对遥感观测的分类就是基于遥感平台的不同而划分的。目前我们常用的是航天遥感平台,也就是各种搭载卫星。以不同目的为基础,发射适合研究目的各种卫星,那么我们得到的影像数据也就各有不同(图4-1)。

4.2.1 主要遥感平台及其简介

　　我们列出一部分常用的遥感平台及其相关信息,见表4-2。

表 4-2　常用遥感平台

遥感平台	传感器	发射日期	服务日期	主要用途
LANDSAT 5 (5 号陆地资源卫星)	TM	1984 – 03 – 01	设 计 寿 命 6 年	地球资源遥感、土地利用、农林、地质、水资源等制图
LANDSAT 7 (7 号陆地资源卫星)	ETM +	1999 – 04 – 15	设 计 寿 命 6 年	地球资源遥感、土地利用、农林、地质、水资源等制图
LANDSAT 8 (7 号陆地资源卫星)	OLI/ETM +	2013 – 02 – 11	设 计 寿 命 5 年	地球资源遥感、土地利用、农林、地质、水资源等制图
STOP 5 (地球观测试验系统)	两个高分辨率集合装置 HRG 和 HRS，专用的 VEGETATION	2002 – 05 – 04	设 计 寿 命 5 年	土地利用、农林、地质、水资源制图、区域规划
STOP 6 (地球观测试验系统)	Reference3D/ Pan – sharpened	2012 – 09 – 09		制图和地球资源开发建立档案库，改进对植被类型的识别和产量预报试验
ORBVIEW 2 (轨道观测 2 号)	Sea WiFS 海洋宽视场观测传感器	1997 – 08	设 计 寿 命 5 年	海洋颜色数据，海洋生物和生态、浮游植物浓度遥感监测
AQUA (地球观测综合和卫星系列之一，下午轨道)	中分辨率成像光谱仪（MODIS）先进微波探测器（AMSU）先进微波扫描辐射计（AMSR）大气红外探测器（AIRS）云和地球辐射能量系统（CERES）微波湿度探测器（MHS）	2002 – 05 – 04	设 计 寿 命 6 年	地球观测系统，云降水和辐射平衡，陆地雪和海冰，海面温度和海洋生产率

（续）

遥感平台	传感器	发射日期	服务日期	主要用途
IKONOS 2 （伊科诺斯）	IKONOS	1999 – 09 – 24	设 计 寿 命 7 年	城市、土地、港口、森林、环境、灾害调查和军事目标动态监测；用于国家级、省市级地物数据库的建设和更新
ZY – 3 （资源三号卫星）	TDI CCD/多光谱相机	2012 – 01 – 09	设 计 寿 命 4 年	地形测绘，农林水土资源勘查，环境、交通信息检测

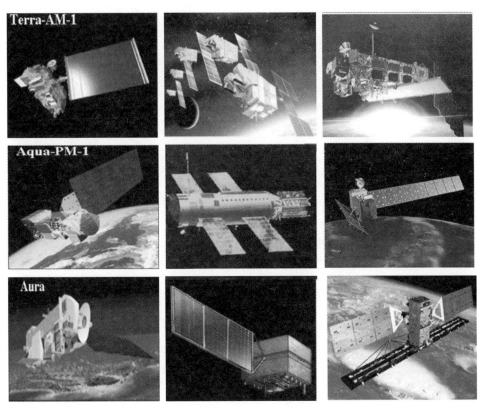

图 4-1　部分卫星及传感器图像

4.2.2　常见影像数据

在各行各业对遥感影像的应用中都离不开遥感影像数据，而各行业对影像数据的要求又不尽相同。我们列出一些常见常用的遥感影像数据，见表4-3。

表4-3　常见遥感影像信息

影像名称	传感器	分辨率	影像信息	主要应用
TM	Landsat4~5	除热红外波段为120m外，其余均为30m	TM-1 蓝光波段：0.45~0.52μm TM-2 绿光波段：0.52~0.60μm TM-3 红光波段：0.63~0.69μm 以上为可见光波段； TM-4 近红外波段：0.76~0.90μm TM-5 中红外波段：1.55~1.75μm TM-6 热红外波段：10.4~12.5μm TM-7 中红外波段：2.08~2.35μm	有关农林、水土、地质、地理、测绘、区域规划、环境监测等专题分析和编制1：100 000或更小比例尺专题图
SPOT	SPOT	全色波段：10m 多光谱波段：20m	每帧影像包括3张多波段影像和1张全色影像 全色波段为0.51~0.73μm； 多波段分别为： 0.50~0.59μm(绿) 0.61~0.68μm(红) 0.79~0.89μm(近红外)	专题制图；耕地、森林、草场、水、矿产和海洋等调查；城市发展和城市化，灾害监测等
ZY-3	资源三号	星下点全色：2.1m；前后视22°全色：3.6m；星下点多光谱：5.8m	全色波段为450~800 nm； 多波段分别为： 450~520nm(蓝) 520~590nm(绿) 630~690nm(红) 770~890nm(近红外)	用于1：50 000比例尺立体测图和数字影像制作；完成数字高程模型制作、立体测图等作业
Quickbird	QuickBird	全色：星下点0.61m 多光谱：星下点2.44m	全色波段为445~990 nm； 多波段分别为： 450~520nm(蓝) 520~600nm(绿) 630~690nm(红) 760~900nm(近红外)	城市测绘、水土、植被、地质等资源调查、城市监察、考古调查等

（续）

影像名称	传感器	分辨率	影像信息	主要应用
WorldView	WorldView-1/WorldView-2	全色波段：0.5m 多光谱波段：1.8m	4个标准波段：蓝色波段：450~510nm 绿色波段：510~580 nm 红色波段：630~690 nm 近红外1波段：770~895 nm WorldView-2还包括4个新的波段：海岸监测：400~450nm 黄光波段：585~625nm 红色边缘波段：705~745nm 近红外2波段：860~1040nm	高性能图像产品；基于叶绿素和渗水的规格参数表的深海探测研究；辅助分析有关植物生长情况，是森林观测研究的重点应用影像之一
GeoEye-1	GeoEye-1	全色星下点：0.41m 全色侧视28°：0.5m 多光谱：1.65m	全色波段：450~800nm 多光谱波段：蓝：450~510nm 绿光：510~580nm 红光：655~690nm 近红外：780~920nm	国防、国家和国土安全、空运和海运、石油和天然气、采矿等行业的制图以及基于位置的各项服务

我们从下边的影像体会一下各个影像的区别，可以发现不同分辨率影像的差别是很大的(图4-2)。不过在应用时，我们可以根据研究需要选择适合的，价格较低的影像。

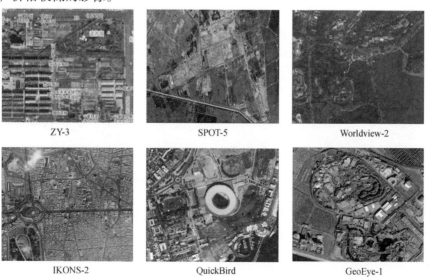

图4-2 部分影像展示

4.2.3　激光雷达数据

激光雷达(Light/Laser Detect and Ranging, LIDAR),即激光扫描(Laser Scanning),是一种通过位置、距离、角度等观测数据直接获取研究对象表面点三维坐标,实现地表信息提取和三维场景重建的对地观测技术。

雷达系统主要由激光扫描仪、位置/方向控制系统和控制单元组成。其中,激光扫描仪主要负责发射、接受激光信号。方向/位置控制系统由惯性测量装置和差分GPS组成,其功能主要是确定扫描仪的姿态参数和飞行平台位置。那么对各个部分功能进行协调和控制的工作就由控制单元来完成。在这3个组成部分中,激光扫描仪是系统的心脏。按照其光斑尺寸、信号测量方式和扫描方式的不同,扫描仪的特性也有不同。

有些时候,我们也将雷达的组成按照各个功能系统区分(图4-3):POS系统(定位传感器空间位置与姿态)、传感器系统(激光传感器与影像传感器)、飞行管理系统(导航与设备操作)以及存储于控制系统。

激光雷达扫描所得到的数据与光学影像数据不一样,主要包括:位置、方位角、距离、时间以及强度等各种飞行过程中系统能够获取的各种数据。其实激光雷达技术可以算是一种非成像技术,数据在内容和形式上都有自己的特点:

①激光雷达数据主要是分布在研究对象表面的一系列三维点坐标数据。

②激光雷达数据呈离散式分布。与数字影像像元之间彼此独立且规则分布不同,是各个数据点的位置和空间间隔在三维空间中的不规则分布。

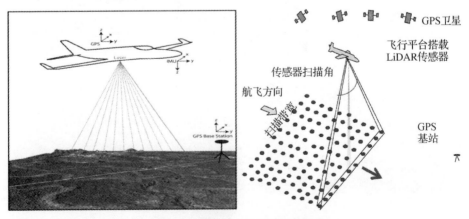

图4-3　雷达系统组成及扫描过程

③由于采用扫描方式形成数据，同时飞行速度、扫描仪和地形，以及地物之间的相对位置及方向各不相同，使得激光扫描仪在扫描带中数据分布不均匀，不同位置的光斑密度不相同。

④数据类型多样，不仅仅局限于三维坐标形式，还拥有强度信号等信息源（图4-4）。

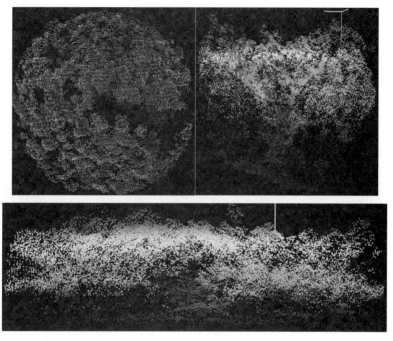

图4-4　不同角度林区激光点云数据显示

4.3　航天遥感在森林观测中的应用

对森林的观测主要针对森林资源的数量、质量以及空间分布、利用状况等。对于林业工作者，不仅要对需要的资料进行精确的观测和调查外，对森林的连续观测，定期分析也是森林观测的重点工作。在众多森林观测技术中，不论是应用于地方森林观测，还是国家级的森林观测，遥感技术都是目前时效性、精确性最高的一种。想要很好地了解航天遥感森林观测，我们就要先来了解一下遥感在森林观测中的主要机理。

4.3.1　植被遥感

植被调查在森林资源调查中占有最为重要的地位，是森林资源调查的重中之重。而植被遥感作为现代化的森林资源调查方式，也是森林资源调查中不可或缺的一个重要部分。而植被遥感中，植被解译是各项研究中的必经之路。

植被解译的目的是在遥感影像上有效地确定植被的分布、类型、长势等信息，以及对植被的生物量等信息做出分析估算。而遥感解译在植被遥感中主要利用的就是植被的光谱特征。

植物的光谱特征可使其在遥感影像上有效地与其他地物相区别。同时，不同的植物各有其自身的波谱特征，从而成为区分植被类型、长势及估算生物量的依据。

（1）影响植被光谱的因素

影响植被光谱的因素有植物本身的结构特征，也有外界的影响，但是外界影响总是通过植物本身生长发育的特点在有机体的结构特征中反映出来。叶子的颜色、组织结构、含水量以及植物覆盖度都会影响植物的光谱曲线（图4-5）。

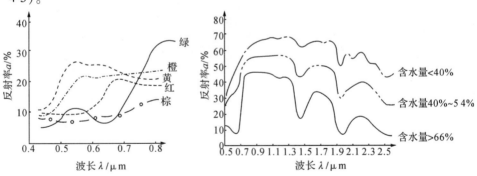

图4-5　不同颜色叶子反射光谱/水分含量对光谱的影响

（2）植被生长状况研究

健康植物有2个反射峰和5个吸收谷。当植物生长状况发生变化时，其波谱曲线形态也会随之改变。叶片凋零、植物病虫害、农作物营养缺乏、组织结构发生变化等，在遥感影像上都能很直观的分析出来，那么，根据受损植物与健康植物光谱曲线的比较，可以确定植物生长状况等信息（图4-6）。

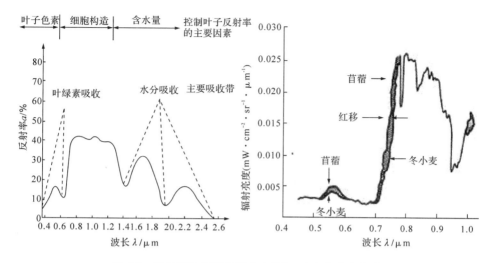

图4-6 绿色植物有效光谱响应特征/病害冬小麦光谱

（3）植被区分

不同植被类型，由于其组织结构不同，生态条件不同而具有不同的光谱特征、形态特征和环境等特征，在遥感影像中可以表现出这些特征，以此我们可以区分不同的植被：不同植物由于叶子的组织结构和所含色素不同，具有不同的光谱特征；利用植物的物候期差异来区分植物，也是植被遥感重要方法之一；根据植物生态条件区别植物类型。

4.3.2 森林遥感应用

林业调查是遥感技术重要的应用领域之一，林木的光谱特征可使其在遥感影像上有效的与其他地物区别开来。同时不同的林木类型其自身的光谱特征也不同，从而可以依据光谱特征来区分林木类型、监测生长状况及估算生物量等。

（1）植被指数提取

从遥感信息中提取的植被指数是林业应用的主要参数之一。它是由不同波段的探测数据组合而成，反映出植物生长状况的指数。植物叶面在可见光红光波段有很强的吸收特性，在近红外波段有很强的反射特性，所以通过这2个波段测值的不同组合可得到不同的植被指数。植被指数有助于增强遥感影像的解译力，广泛应用于研究植被覆盖度、叶面积指数、生物量等。

常用的植被指数有比值植被指数（*RVI*）、归一化植被指数（*NDVI*）、差值植被指数(DVI)和正交植被指数(PVI)。

①比值植被指数式

$$RVI = NIR/R \tag{4-1}$$

式中　NIR——遥感影像中近红外波段的反射值；

　　　R——遥感影像中红光波段的反射值。

绿色健康植被覆盖地区的 RVI 远大于 1，而无植被覆盖的地面(裸土、人工建筑、水体、植被枯死或严重虫害)的 RVI 在 1 附近；RVI 是绿色植物的指示参数，与叶面积指数、叶干生物量、叶绿素含量有很强的相关性，可用于检测和估算植物生物量；RVI 受植被覆盖度影响，当植被覆盖度较高时，RVI 对植被十分敏感，当植被覆盖度 <50% 时，这种敏感性显著降低；RVI 也受大气条件影响，大气效应大大降低其对植被检测的灵敏度，所以在计算前需要对影像进行大气校正，或用反射率计算 RVI。

②归一化植被指数式

$$NDVI = (NIR - R)/(NIR + R) \tag{4-2}$$

式中　NIR——遥感影像中近红外波段的反射值；

　　　R——遥感影像中红光波段的反射值。

$NDVI$ 应用于检测植被生长状态、植被覆盖度和消除部分辐射误差等；$NDVI$ 大小介于 $-1 \sim 1$ 之间，负值表示地面覆盖为云、水、雪等，0 表示有岩石或裸土等，NIR 和 R 近似相等，正值表示有植被覆盖，且随覆盖度增大而增大；$NDVI$ 能反映出植物冠层的背景影响，如土壤、潮湿地面、雪、枯叶、粗糙度等，且与植被覆盖有关。

③差值植被指数式

$$DVI = NIR - R \tag{4-3}$$

式中　NIR——遥感影像中近红外波段的反射值；

　　　R——遥感影像中红光波段的反射值；

　　　DVI——针对特定的遥感器并为明确特定应用而设计的，此指数没有考虑大气影响、土壤亮度和土壤颜色，也没有考虑土壤、植被间的相互作用，对土壤背景的变化极为敏感。

④正交植被指数式

PVI 是在植被指数的基础上借用"土壤线"的概念而发展起来的。对每一种土壤而言，其红色波段与近红外波段的反射率值随土壤含水量及表面粗糙度的变化近似满足线性关系，此线性关系可用于对土壤反射率进行描述。

土壤线的方程为：

$$NIR = aR + b \tag{4-4}$$

式中　NIR——土壤在近红外波段；

　　　R——红色波段的反射率；

　　　a——土壤线的斜率；

　　　b——截距。

则正交植被指数可以表示为：

$$PVI = \sqrt{(S_R - V_R)^2 + (S_{NIR} - V_{NIR})^2} \tag{4-5}$$

式中　S——土壤反射率；

　　　V——植被反射率。

正交植被指数较好地消除了土壤背景的影响，对大气的敏感度小于其他植被指数。

卫星遥感技术在林业上的应用已很广泛，其中包括资源预估、资源监测、资源清查，乃至林班网区划、调绘、成图等方面的应用。

（2）编制森林分布图上的应用

森林分布图是林业调查结果的一种直观表现形式，森林地类或林分类型的分布及面积是反映一个地区森林状况的重要因子。因此，森林遥感应用的最基本内容就是进行森林类型分类解译。利用遥感技术对森林进行分类，可以克服传统的森林分类调查工作中调查因子多、周期长、调查工作繁琐等困难。森林遥感分类能够有效地提高森林分类效率，在技术上能够满足实际生产的需要，既经济又准确地实现森林资源数据库的动态更新，从而改善森林资源管理水平，为管理部门及时地提供正确的森林经营依据和措施。森林遥感分类技术已成为森林资源调查与监测的基础方法之一，是目前森林资源调查与监测技术发展的主要方向。目前森林遥感分类技术是结合树种在遥感影像上的特征与其本身的生长特性建立监督分类的模式，结合多元统计学方法，针对分类对象建立较为直观的数学模型从而达到森林分类的目的。

（3）森林病虫害监测方面的应用

不同的森林病虫害对林木的生长影响不同，使其反映在遥感影像上的波谱信息也不同。例如，树叶枯黄和落叶等症状，使得树叶在蓝光、红光、绿光和红外波段的吸收率和反射率发生变化。因此，根据光谱反射率的差异和结构异常，通过图像增强处理和模式识别，就可以实施对森林病虫害的监测。

利用遥感影像监测森林病虫害作为一种新的监测方法，已成为世界各国发现和监视森林病虫的最重要的手段之一。这种方法速度快，监测范围大，可随时掌握森林病虫害发生、发展动态，能准确确定灾害程度，精确测得森林病虫害面积等。

（4）遥感在蓄积量估算方面的应用

森林蓄积量指一定森林面积上存在着的林木树干部分的总材积。它是反映一个国家或地区森林资源总规模和水平的基本指标之一，也是反映森林资源的丰富程度、衡量森林生态环境优劣的重要依据。根据少量地面调查样地数据及高空间分辨率遥感图像，采用非线性理论，建立以地面调查数据为基准的森林蓄积量高精度估测模型，可以最大限度减少野外地面调查工作量，这具有非常重要的理论研究价值和社会、经济效益。袁凯先等人对大兴安岭南木和巴林林业局和呼伦贝尔市巴林林业局 5 个林场的蓄积量，用遥感数据进行了多元回归估测。下式是其以蓄积量为因变量 Y 的多元估测式：

$$Y = -1\,036.02 - 64.71x_1 + 0x_2 + 27.73x_3 + 0x_4 - 44.02x_5 - 33.05x_6 -$$
$$33.45x_7 - 11.69x_8 - 34.43x_9 - 43.53x_{10} + 0x_{11} + 5.36x_{12} + 0.56x_{13} - 3.96x_{14}$$
$$+ 0.71x_{15} + 1.18x_{16} - 20.47x_{17} + 112.73x_{18} - 297.2x_{19} - 258.5x_{20} - 368.88x_{21}$$
$$+ 1903.13x_{22} + 0.35x_{23} - 409.11x_{24} + 13\,009.58x_{25} \tag{4-6}$$

式中　Y——被估测的单位面积蓄积量；

　　　x_1、x_2——林龄组；

　　　x_3、x_4——树种组；

　　　$x_5 \sim x_{11}$——影像色彩（在影像上判读样地色彩共判出 7 种，其余 10 种色彩均无，故没有出现的色彩未参加回归）；

　　　$x_{12} \sim x_{17}$—— TM 数据的 6 个单波段密度值；

　　　$x_{18} \sim x_{25}$—— TM 数据比值项。

（5）森林生物量估算方面的应用

森林生物量是指森林生态系统在一定时间内累积的有机质总量，一般指活体有机体的干重。森林生物量不仅是森林固碳能力的标志，也是评估森林碳收支的重要参数。遥感图像信息是由其反射光谱特征决定的，森林植被的光合作用对红光和蓝紫光吸收性较强，而使其反射光谱曲线在该部分波段呈波谷形态。所以植物的反射光谱特征反映了植物的叶绿素含量和生长状况，而叶绿素含量与叶生物量相关，叶生物量又与群落生物量相关。随着遥感技术的发展，通过从多时相、多波段遥感信息中提取估算生物量所必须的植被参数和地面观测的森林生物量进行相关性分析的基础上，建立两者的拟合方程来估算生物量。一般遥感参数模型是根据生物量与植被指数(VIs)或波段辐射值的经验关系来估算植被生物量。例如,国庆喜等以大兴安岭南坡为研究区,基于 Landsat TM 图像和森林清查样地数据,采用多元回归分析探讨了 TM 各个波段以及归一化植被指数($NDVI$)、比值植被指数(RVI)和环境植被指数($EVI = TM4 - TM3$)与森林生物量的关系,建立了森林生物量的遥感光谱模型:

$$Y = (18.3634 + 0.0007X_1 - 0.0205X_2 + 0.0143X_3 + 0.0078X_4 + 3.6406X_5 + 0.6901X_6 + 1.5536X_7 - 0.8715X_8 - 0.2449X_9 + 0.3755X_{10} + 10.0771X_{11} + 0.4555X_{12} - 640.775X_{13}) \times 11.111\ 111 \tag{4-7}$$

式中 Y——森林生物量;

X_1——海拔高度;

X_2——坡度;

X_3——土壤厚度;

X_4——平均年龄;

X_5——郁闭度;

X_6——$TM2$;

X_7——$TM3$;

X_8——$TM4$;

X_9——$TM6$;

X_{10}——$TM7$;

X_{11}——$TM4/TM3$;

X_{12}——($TM4 + TM3$)/ $TM7$;

X_{13}——$TM3/(TM1 + TM2 + TM3 + TM4 + TM5 + TM6 + TM7)$。

4.4 航空森林观测技术

航空相片是地面的真实写照。在森林资源清查中,应该充分发挥航空相片的判读潜力。通过判读航空相片,以调查小班为单位,进行地面实测回归修正,从而用少量的外业实测工作按一定精度,使调查数据落实到小地块,这是当前改进森林调查技术的重要途径之一。森林航空摄影测量是利用空中拍摄的方式对林区相片确定地物形状、大小和位置的方法,简称森林航测。主要用于林业测量、森林资源调查、林区土地利用区划、规划设计和经营管理等,是航空摄影测量的一个分支。用它可以大量减少外业工作,改善工作条件,提高测图的速度和精度。

第一次世界大战后，欧洲一些国家开始用航空相片绘制森林地图和进行森林调查。20世纪30年代已能利用航空相片反映林分结构的特点，借以区分林分的树种、密度和年龄，准确地绘出林分界线，从而提高了森林分类和制图的精度。到20世纪40年代由于可通过在相片上直接量测树木的影像，而获得树冠直径、树高、林分郁闭度、单位面积株数等因子的测定值，编制航空相片材积表，大大减轻了野外的测树工作。20世纪五六十年代，航空相片配合抽样技术广泛用于森林调查。此后随着非摄影传感器如多光谱扫描、侧视雷达和人造地球卫星的出现，森林资源调查技术又进入新阶段，并形成新的学科"遥感"。森林航测在新的学科中隶属于摄影遥感探测系统，20世纪80年代起结合电子计算机数据库的建立形成现代林业资源信息系统，其中，森林航测是一个有效的信息采集手段。中国森林航测工作起步较晚，20世纪30年代曾在秦岭利用航空拍摄相片进行教学和科研活动，1952年10月建立了森林航测队，开始了大规模的森林航测和调查。

随着数字航空摄影测量的进步，与摄影测量有关的许多过程都实现了自动化，而且摄影测量本身也已成为从航片获得精确的三维地理信息的主要技术手段。在森林经理调查中，以适用的航空相片等为依据首先按区划的林班，设计调查方案和进行的路线。森林经理调查中的资源调查，主要是在划分小班的同时进行的目测与实测。小班是以经营措施一致为主要条件划分的。在有近期航空相片时可先在室内勾绘，结合现场确定；也可对坡勾绘或深入林内在地形图等上勾绘。高度集约经营时，可通过实测划分小班。地形也被作为小班的林分因子进行测定，并参与对区域森林的评价和规划。

4.4.1　航空摄影航空单木参数关系模型的建立

森林资源外业调查中的测量的主要因子通常包括胸径、树高、冠幅等，它们是计算森林蓄积量、生物量的基础。获取胸径(D)、树高(H)、冠幅(K)等树木生长因子第一手资料的最直接途径，是通过设置样地，进行每木检尺，以胸径尺、皮尺测量胸径、冠幅，以测高器量测树高，并记录数据。在此过程中，胸径易于量取，而树高、冠幅则相对难以测量。用易于获取的因子推算难以获取的因子，是一种由已知推测未知的有效的数学方法。因此，林业工作者们研究这些树木生长因子之间的相关性，建立了很多的 $H-D$、$K-D$ 回归模型，用胸径估算树高、冠幅。

　　然而，轻小型低空遥感影像分辨率高达 0.05m，单木树冠在影像上清晰可见，同时，LiDAR 数据在林区快速自动提取树高算法日益成熟，使得传统手段难以获取的树高、冠幅已经能实现自动快速的提取，而之前易于量测的胸径，目前还难以通过遥感手段直接获得。而胸径又是计算树木蓄积量、生物量的一个极其重要的林木生长因子，因此，我们需要建立新的模型，以易于获取的树冠、树高推算树木胸径，再推估其他林分因子，以满足现代林业发展的要求。

4.4.1.1　胸径—冠幅模型的建立

　　由于树冠不是影响树木经济效益的直接因子，一直以来国内外研究的相对较少，目前主要研究成果认为冠径与胸径呈线性相关。树木冠径的大小，反映每株林木营养面积的大小，对直径生长的影响较大。一般冠径越大，胸径越粗，所占的营养面积也越大，其结果必然会引起单位面积上林木株数的减少。可以根据直径、树冠径和立木密度的相关规律，推算出不同径级林分适宜的密度指标，用此指标作为确定间伐强度的依据。另外，直径生长与冠径大小的关系不受立地条件与年龄差异的影响，而且林分平均胸径易测定，所以应用比较普遍。

　　国内学者对胸径与冠径的相关关系研究，也主要是以线性方程拟合的。Duchaufour 以第一作者的身份第一次确定了冠径和胸径之间的关系。1989 年，林业部中南院吴志德等采用线性回归研究了杉木胸径与冠径的关系，并探讨了林分标准密度立木株数的确定方法。Sönmez(2009)用 7 个模型表达辽东云杉的 $K-D$ 的关系，研究发现，以三次方程拟合效果最优。而 Mugo(2011)研究肯尼亚 Sondu–Nyando 河流域的树木，根据冠幅估测树木胸径，建立 5 个主要树种的 $D-K$ 回归方程，见表4-4。

表4-4　5 个候选的 $D-K$ 模型

No.	$D-K$	名　称
1	$D = a + bK$	线性模型
2	$D = aK^b$	幂函数模型
3	$D = ae^{bK}$	指数模型
4	$D = a\ln K + b$	自然对数模型
5	$D = a + bK + cK^2$	二次多项式模型

4.4.1.2　胸径—树高模型的建立

　　由于树高与胸径是影响树木蓄积量的两个重要因子，国内外对树高—胸径的关系都做了大量的研究。树高和胸径的相关关系，树种不同，生长阶段也不同。常见的 $H - D$ 模型有线性、Richard、Weibull、Logistic、Wykoff、Korf、Gompertz 以及一些混合模型等。Calama（2004）、Huang（2009）和 Adame（2008）等人分别用各种非线性模型，研究意大利五针松、黑云杉、比利牛斯栎等树种的树高—胸径关系，能得到较高的精度。Sánchez - González（2007）和 Mısır（2010）在研究栓皮栎和欧洲山杨的 $H - D$ 模型中，发现引入样地优势木的树高和胸径时，树高估测效果最优。Krisnawati（2010）研究苏门答腊南部的马占相思林，用 6 个常用的 $H - D$ 模型，预测树高的 RMSE 为 3.4m 左右，而引入林龄和地位级指数后，树高的预测精度明显提升，RMSE 下降 0.56 ~ 1.43m。高祥斌（2010）和郑传英（2010）分别研究了山东聊城的槐树、四川桤木的树高—胸径关系，发现线性模型、二次多项式模型、指数模型、幂函数模型的相关性都较高。李春明（2009）在对陕西省 39 个样地的 2302 株栓皮栎构建树高模型时，考虑了林分断面积和优势木平均高，能得到精度较高的树高模型，其 R_2 达到 0.99，RMSE 为 1.55。Bi（2012）从以往文献中选出 12 个 $H - D$ 方程，用澳大利亚新南威尔士州 3581 棵辐射松样品数据，对这 12 个方程的估计和预测能力进行对比，结果认为 Richard 模型、Weibull 模型、幂函数和指数结合方程为最佳直径—树高方程。丁贵杰（1997）用贵州省马尾松 200 块人工林标准地的数据资料估测树高，以林龄、立地指数和胸径为自变量，采用 Mrqurdt 迭代法分别对 13 个模型进行拟合，最后选择有生物学意义扩展后的 Richards 函数为标准树高曲线模型。张学权（2000），用 Strub（1974）模型拟合树高—胸径生长关系。王利（2002）用指数方程、异速生长方程、二次多项式方程对赤松胸径与树高的关系进行拟合，建立的二次多项式方程：$H = -2.829\ 423 + 1.051\ 789D - 0.01688D_2$ 模拟效果最优。张玉柱（2006）等在研究嫩江沙地樟子松人工林的各测树因子数量关系过程中，建立胸径与树高的线性方程，其相关系数高达 0.9999。卢昌泰（2008）应用《四川省一元立木材积表》中的马尾松胸径与树高经验公式为：$H = D_{1.3}/(1.138\ 883\ 8 + 0.020\ 715\ 501D_{1.3}$。陈灿（2012）应用 Logistics、Gompertz、Weibull、Richards 方程、S 曲线、二次曲线 6 种理论生长方程，拟合东南沿海防护林的胸径与树高的关系，结果表明：Logistics 方程的拟合效果最好，相关系数达 0.9618，Weibull 模型拟合效果次之。刘敏（2010）根据辽宁地区 1 761 株樟子松样本数据资料，经回归分析，得到胸径与树高的最优回归模型为三次曲线方程：$H = 0.519\ 024 + 0.818\ 875D - 0.023\ 36D_2 + 0.000\ 818D_3$。蒋艳（2010）研究云南松的树高和胸径的关系，其最优模型为 Power 模型。综合以上国内外学者研究中常见的树高 – 胸径曲线模型，反推胸径 – 树高模型，得到表4-5 的 10 个 $D-H$ 候选模型。

表4-5 10 个 $D-H$ 候选模型

No.	deduced $D-H$ function	Original $H-D$ function	名　称
1	$D = \dfrac{H-a}{b}$	$H = a + bD$	线性经验模型
2	$D = \dfrac{\left(\dfrac{H}{a}\right)^{\frac{1}{b}}}{2c}$	$H = aD^b$	异速生长方程
3	$D = \dfrac{-b + \sqrt{4c(H-a) + b^2}}{2c}$	$H = a + bD + cD^2$	二次多项式模型
4	$D = \dfrac{\ln(Hb) - \ln(a-H)}{c}$	$H = \dfrac{a}{1 + be^{-cD}}$	Logistic 模型
5	$D = -\dfrac{\ln\left(1 - \dfrac{H}{a}\right)}{b}$	$H = a(1 - e^{-bD})$	Meyer（1940）模型
6	$D = \left(-\dfrac{\ln\left(1 - \dfrac{H}{a}\right)}{b}\right)^{\frac{1}{c}}$	$H = a(1 - e^{-bD^c})$	Weibull（1978）模型
7	$D = \dfrac{\ln\left(1 - \left(\dfrac{H}{a}\right)^{\frac{1}{c}}\right)}{-b}$	$H = a(1 - e^{-bD})^c$	Richard（1959）模型
8	$D = \dfrac{b}{\ln H - \ln a}$	$H = ae^{b/D}$	Burkhart and Strub（1974）模型
9	$D = \dfrac{Hb}{a - H}$	$H = \dfrac{aD}{b + D}$	Bates and Watts（1980）模型
10	$D = \dfrac{b}{\ln H - a} = 1$	$H = e^{\left(e + \frac{b}{D+1}\right)}$	Wykoff（1982）模型

4.4.1.3　胸径—冠幅、树高模型的建立

根据树木的形态学特征以及前人的研究成果，我们通常认为，阔叶树的 $D-K$ 关系紧密，树干通直饱满的针叶树的 $D-H$ 的相关性应该较高。然而，同一树种，在不同的立地条件、林分密度、生长的不同径阶，不同树高范围，其生长因子关系都不同。

根据分析，以 K、H 为自变量，以 D 为因变量，构建 $D = f(K, H)$ 的 2 个模型，形如：

$$D = aK + bH + c$$

$$D = aKb + cHd + e$$

梁瑞龙(1996)研究广西马尾松人工林生长过程，对大量样地的胸径与树高数据进行分析后发现，树高与胸径、立地、年龄有密切相关关系。王利(2005)对10块样地的406株麻栎的 $H-D$ 关系，按胸径径阶分级，14cm以下，14~24cm，24cm以上，发现不同径阶级别适用模型不同，前两组模型的复相关系数为0.15~0.48，24cm以上径阶组没有适用的模型。此研究结果说明麻栎的胸径—树高相关性并不是很高，而且，不同径阶范围时，其 $H-D$ 关系差异较大。李海奎(2011)通过双重迭代算法，利用第7次全国森林资源连续清查的资料，对树高分级后，建立栎类、杉木、马尾松、杨树、落叶松和油松6个树种的 $H-D$ 模型。与未分级方法相比，分级后模型的决定系数从0.52~0.75提高到0.94~0.97。对树高分级后的拟合精度有明显提高。胡波(2012)用幂函数分析刨花楠树高与胸径，以及与1/4H，1/2H，3/4H处直径之间的关系，结果表明：在刨花楠不同生长阶段其异速生长指数存在显著差异。

因此，立地条件复杂多样，林分竞争情况都不一致，这都可能导致树木生长情况差异较大，其胸径与冠径和树高之间都不存在一个固定通用的公式，难以用唯一一个 D、K、H 方程拟合。

4.4.1.4　一元航空材积模型的建立

根据地面实测胸径与判读的冠幅和判读的树高将分别建立回归关系，计算胸径 $D_{1.3}$。

$$D_{1.3} = a_0 + a_1 K$$
$$D_{1.3}^2 = b_0 + b_1 HA_K \qquad (4\text{-}8)$$

式中　$D_{1.3}$——胸径；

　　　K——判读可见冠幅；

　　　H——判读树高；

　　　A_K——判读树冠面积；

　　　a_0, a_1, b_0, b_1——系数。

参考《材积表使用手册》(光增云，2000)一元立木材积计算公式：

$$V = a \, (b + cD_{1.3})^e \times [f + g \, (b + cD_{1.3}) - h \, (b + cD_{1.3})^2]^i \qquad (4\text{-}9)$$

4.4.1.5　二元航空材积模型的建立

树高和冠幅因子与材积有着密切的关系，二元航空材积模型是用相片上判读的树高、冠幅和地面实测的材积建立回归模型。

$$V = a_0 + a_1 K + a_2 H$$
$$V = K(a_0 H - a_1) + a_2$$
$$V = K(a_0 H - a_1) \qquad\qquad (4\text{-}10)$$

式中　K——判读可见冠幅；

　　　H——判读树高；

　　　a_0, a_1, a_2——系数。

另外，二元材积模型还可以根据胸径和判读冠幅及树高与判读树高的回归模型来建立材积模型。

$$D_{1.3} = a_0 + a_1 K$$
$$H = a_0 + a_1 H_{判读} \qquad\qquad (4\text{-}11)$$

根据林分的判读因子的不同，如郁闭度、株数、平均高以及平均冠幅的等因子建立于地面实测材积的回归关系，常用的方程如下：

$$V = a_0 + a_1 P$$

$$V = a_0 + a_1 A_K$$

$$V = a_0 + a_1 P + a_2 \log P$$

$$V = a_0 P + a_1 \bar{H} + a_2$$

$$V = a_0 N + a_1 P + a_2$$

$$V = a_0 N + a_1 \bar{H} + a_2$$

$$V = a_0 P + a_1 \bar{H} + a_2 \overline{D_K} + a_3$$

$$V = a_0 + a_1 H + a_2 \overline{D_K} + a_3 \bar{H} \qquad\qquad (4\text{-}12)$$

$$V = a_0 N + a_1 \overline{D_K \bar{H}} + a_2 \overline{D_K}$$

$$V = (a_0 \overline{D_K \bar{H}} + a_1 \overline{D_K} + a_2) N$$

$$V = a_0 P + a_1 \overline{D_K \bar{H}}$$

$$V = a \times \overline{D_K{}^b} \times \overline{H^c} \times N$$

$$V = a \times \overline{D_K{}^b} \times \overline{H^c} \times P$$

$$V = (a \overline{D_K \bar{H}} + b \overline{D_K} + c) N$$

其中　V——地面实测材积；

　　　P——判读的郁闭度；

$\overline{D}_K$——判读冠幅；

$\bar{H}$——判读平均高；

A_K——判读冠幅面积；

N——判读株数；

a_0，a_1，a_2——系数。

4.4.2　航空摄影影像提取信息技术

4.4.2.1　树冠的提取

树冠是树木的重要组成部分，是树木进行光合作用的重要场所，是其生长所需能量的重要来源之一，也是在遥感影像中最容易反映树木信息的部位。树冠的大小、形态及反映在遥感影像上的光谱信息，是提取森林各种参数的重要依据。如果能在高空间分辨率遥感影像上提取出树冠大小信息，则可大幅度地减少外业的工作量和调查费用，提高调查的速度。近些年来，国内外许多林业工作者及其相关领域的研究人员分别利用遥感影像对林木冠幅信息的提取进行了相关的探索和研究。MasatoKatoh 等利用单株立木冠幅提取技术(ITC)提取出针阔混交林中单株立木树冠，直径大于 6.2m 的树冠提取误差在11.6% 以下，总体精度达到 78%。林丽莎应用模式识别技术，对各个可见树的树冠进行手扶跟踪检测，求得了冠幅的平均直径。冯益明等以高空间分辨率遥感影像 Quick-Bird 的全色波段为数据源，应用空间统计学半方差理论，对人工纯林冠幅尺寸进行估计。蔡文峰等利用全数字摄影测量工作站 VirtuoZo系统 IGS 数字测图方法提取了林木冠幅信息。

基于高分辨率遥感影像进行树冠提取的方法，主要有两大类方法：一是首先确定树冠中心点位置，再探测树冠边缘轮廓。通过设置一个移动窗口，探测窗口范围内光谱最大值，以之作为树冠中心点，再以中心点为参考，探测并描绘树冠边界轮廓，如局部最大值法(local maxima)。二是基于树冠的形状、轮廓进行树冠探测，如谷地跟踪法(valley-following)、模板匹配法(template-matching)和多尺度树冠提取法(multiple scale approach)(刘晓双，2010)。

局部最大值法，其思想是通过寻找树冠光谱反射最大值点为树冠的中心和树冠顶点，通过设置一个移动窗口探测影像的局部最大值为树冠中心点位置，再进一步找到其边缘进行描绘。根据不同林分的冠幅大小以及林分结构特征，可以设置不同大小的动态窗口或固定窗口进行局部最大值的探测(Pouliot，2002；Walsworth，1999)。该方法简单快捷，而且对针叶树冠中心点的探测效果优于阔叶树，原因是由于针叶树最高点明显，而阔叶树冠往往有多个局部最大值。同时，当图像背景较复杂时，局部光谱最大值可能并不是树冠点。因此，局部最大值法更适合背景单一、有明显最高顶点的针叶纯林树冠中心探测。

基于树冠形状探测的谷地跟踪法，认为树冠中心是光谱发射强烈区，而外沿轮廓是阴暗区，跟踪光谱最小值就能提取出树冠的边界（Gougeon，1995）。当林分郁闭度较高，树冠之间相互交叉重叠较多时，容易将多株树木划分为一株。因此，谷地跟踪法较适合于提取郁闭度较低的林分或优势木、孤立木。模板匹配法考虑了树木的形状、外观大小等纹理特征和辐射特征，对不同树种的各种参数构建不同的模型生成模板，再通过一个移动窗口去搜索与模板匹配的树冠，即可进行不同树种的树冠提取（Pollock，1996）。而多尺度树冠提取法，其思想是对森林中参差不齐、大小各异的树冠采用不同的尺度进行探测，通过对每个影像尺度计算灰度曲率，并将灰度曲率的过零点识别为树冠轮廓（Brandtberg，1998，2002）。黄建文等（2010，2011）在对高分辨率遥感影像进行预处理后，叠加林相图，以小班边界裁剪出每个小班的影像，再利用最大稳定极值法分割影像信息的树冠和背景区域，在生成的多木树冠中区分成单木树冠，计算树冠参数和数目，实现单木树冠的提取。

由于不同森林类型的复杂性，任何一种树冠自动化提取方法都仅适合某些特定条件下的林分，而不可能适用于所有林分。通常，郁闭度较低的疏林地或林相整齐的人工林树冠提取效果较好，而郁闭度高的密林、次生林，由于树冠交织重叠、结构层次复杂，使得树冠分割提取精度相对较低。对于被遮挡较严重的幼树、被压木，无法实现自动提取，即使进行目视解译，也难以提取。因此，高分辨影像单木树冠自动提取的精度，只能与人工目视解译的精度相近，以此为基础推算的林木株数通常低于地面样地调查的林木株数，这是由遥感的成像特征决定的。

在高精度航空影像中，每棵树木已经清晰可见，然而，让计算机对单木树冠识别还是有一定困难（刘晓双，2010）。本节选择面向对象分类的方法，进行林分树冠信息的提取。面向对象的方法，是根据高分辨率影像的纹理、光谱、结构以及图像中地物之间的相关性特征，结合专家知识进行分类。

传统的中低分辨率遥感影像，主要是依据像元的光谱特征或结合多个波段组合信息基于像元进行分类，分类精度往往会受"同物异谱"和"同谱异物"现象影响较大。在中低分辨率影像中，一个像元往往由多种地物组成，即存在混合像元的问题。而在高分辨率遥感影像中，一个对象可能由多个像元组成，混合像元的问题已经大大减轻。面向对象的分类，是集合了邻近像元为对象，考虑了地物分布的连续性，以及邻近像元之间的相关性（王茹雯，2010），考虑对象的形状、大小、颜色等，是对于高分辨率影像的一种有效的信息提取方法。

本研究使用 ENVI 4.8 遥感软件及其 EX 模块的面向对象特征提取工具（Feature Extraction）对预处理后的轻小型航空影像进行林木参数提出分析。ENVI EX 是能流程化快速处理图像，它能与 ArcGIS 软件进行无缝的一体化集成，可方便与之前的 LiDAR 点云数据处理成果集成分析。Feature Extraction 工具具有流程化的工作界面，能充分利用高分辨率遥感影像的光谱特征以及空间、质地等纹理特征来进行影像分割和分类。它具有直观的预览窗口，在操作过程中随时能预览每一个参数设置得到的处理结果，便于用户做出相应的调整和改变。在大多数情况下，Feature Extraction 工具只需要确定特定几个参数，就能流程化进行影像特征提取、执行分割，并将分类结果以栅格或矢量数据输出。

本文单木树冠提取的思想是，基于像元的方法与面向对象方法的结合，综合光谱特征、纹理特征以及形状特征来实现对单木树冠的识别和分割。首先区分树木与非树木，通过观察高分辨率航空遥感影像，分析该范围内包含的主要地类，根据各地类的光谱信息和纹理信息，进行树木与非树木（阴影、水体、草地、裸地、建筑等）的区分。在林木树冠中，以面向对象分割方法，对单木树冠的光谱特征、面积大小、形状等纹理特征进行描述，区分出单木树冠。

在进行面向对象分类之前，首先对高分辨率遥感影像的光谱信息、纹理信息进行分析和定量化的表达，作为区分树木与非树木类别的基础。

在 ENVI 4.8 中，打开一幅经校正处理具有空间坐标信息的航空影像数据，利用工具条的 Filter/texture/Cooccurrence Mesaures 工具进行影像纹理特征的提取。本研究计算影像 R、G、B 3 个波段 7 * 7 窗口的 8 个纹理因子，分别为均值（Mean）、方差（Variance）、均一性（Homogeneity）、对比度（Contrast）、相异性（Dissimilarity）、熵（Entropy）、二阶矩（Second moment）、相关性（Correlation），得到共 3 × 8 = 24 个纹理特征图层。

这些纹理特征具有不同的意义，其中，熵反映的是图像纹理的信息量，图像纹理越多越丰富，熵值就越大；反之，纹理越少，熵值越小。二阶矩反映的是图像灰度分布的均一程度和纹理粗细度等。它们的计算公式如图4-7所示。每个纹理特征计算的结果是一个灰度图像，如图4-8所示为红光波段的Mean的纹理特征值。

$$\text{Homogeneity(HO)} \qquad \sum_{s_1} \sum_{s_2} p(s_1, s_2) / [1 + (s_1 - s_2)^2]$$

$$\text{Dissimilarity(DI)} \qquad \sum_{s_1} \sum_{s_2} |s_1 - s_2| p(s_1, s_2)$$

$$\text{Mean(ME)} \qquad \sum_{s_1} \sum_{s_2} s_1 \cdot p(s_1, s_2)$$

$$\text{Second Moment(SM)} \qquad \sum_{s_1} \sum_{s_2} [p(s_1, s_2)]^2$$

$$\text{Entropy(EN)} \qquad -\sum_{s_1} \sum_{s_2} p(s_1, s_2) \cdot \ln p(s_1, s_2)$$

$$\text{Correlation(CC)} \qquad \left[\sum_{s_1} \sum_{s_2} s_1 \cdot s_2 \cdot p(s_1, s_2) - \mu_1 \cdot \mu_2 \right] / \sigma_1 \cdot \sigma_2$$

$$\text{Skewness(SK)} \qquad \sum (X_{ij} - M)^3 / (n - 1) V^{\frac{3}{2}}$$

$$\text{Contrast} \qquad \sum_{s_1} \sum_{s_2} (s_1 - s_2)^2 p(s_1, s_2)$$

图 4-7　纹理特征计算公式

图 4-8　航空影像

对于每一幅影像，分析航空影像覆盖范围内包含的地类，按林木、阴影、裸地、草地、水体5类选择不同地类的样本，设置样点。运用 ArcGIS 的 sample 功能，提取各地类样点的光谱值和纹理信息。一般，同类地物有着相近的光谱和纹理信息。如林木在红光、绿光范围内，光谱反射值都为 110、120 左右，而在蓝光范围内，则为 85 左右。阴影的在红、绿、蓝光范围内的反射率都较低，均为 80 左右。而裸地在红、绿、蓝光范围内的反射率都较高，均为 190 以上。

对各样点的光谱和纹理信息值，按地类进行统计。由于本研究的对象是森林，主要提取的地类是林木。对林木的光谱特征和纹理特征进行分析，找出林木区别于其他地类的最显著的特征统计量作为指标，才可以高效、快速的将林木提取出来。树木在红、绿、蓝可见光范围的反射率低于裸地、草地，高于阴影，与水体相近，树木区别于水体的光谱特征是水体在红、绿、蓝波段的反射率差异不大，都为 120 左右，而树木在蓝光范围的反射值为 90 左右，明显低于其在红、绿光的反射值。

利用 ENVI EX 模块实现单木树冠的提取，主要有影像分割和特征提取 2 个部分。

①影像分割。Feature extraction 工具使用了一种基于边缘的分割算法，根据邻近像素的亮度、纹理、颜色等特征对影像进行分割，输入不同的分割尺度，得到不同的分割效果。根据轻小型航空遥感影像分割的预览效果，当设置的尺度较高时，影像分割出的图斑较少，而影像尺度较低时，影像分割出较多的图斑(图 4-9)。通常分割尺度可以设置的稍微偏低一点，高分辨率影像的细微的特征信息才不容易被忽略掉，而导致分割效果太粗糙。由于本研究对象为单株树木，经试验，32.2 可作为合适的分割尺度，此时能较好地区分树冠和阴影。对于每一景影像，最佳的分割尺度都是不一样的，需要根据分割的预览效果进行反复试验，分割效果的好坏直接影响后面单木树冠提取的精度。

(a) 21.8　　　　　　　(b) 32.2　　　　　　　(c) 50.8

图 4-9　影像不同分割尺度的预览效果

②特征提取。可以通过监督分类、规则分类和直接矢量输出实现特征提取。监督分类法可通过设置各类的训练样本，根据其属性信息，用 K 邻近法或支持向量机监督分类法进行特征提取。规则分类法，根据各个分类的光谱、纹理特征，设置若干个规则，每个规则可用若干个属性表达式来描述。本研究根据获取的树冠因子的光谱和纹理特征设置规则，如图 4-10 所示，进行单木树冠的提取，结果如图 4-10(b)(c)。从目视效果来看，树冠层提取效果较好，但是，对于中、高郁闭度的林分，单木树冠难以从群簇状的多木树冠中分割出来，存在较严重的树冠连结的现象，提取出来的主要为多木树冠。

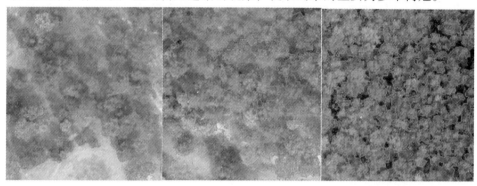

(a)低郁闭度　　　　　　(b)中郁闭度　　　　　　(c)高郁闭度

图 4-10　单木树冠的提取结果

4.4.2.2　森林郁闭度的估测

根据提取的林木树冠面积，与样地面积之比计算林分郁闭度。具体实现过程：在 ArcGIS 中，以样圆面积与树冠解译结果图层进行裁剪，统计圆形样地内树冠区域的总面积，用得到的树冠区面积与样地的面积之比即可得到郁闭度估测值。

4.4.2.3　林分平均冠幅的估测

以样地的林冠面积与目视解译的林木株数之比，获取林分平均冠幅。即：样地平均冠幅 = 林木覆盖区域面积/样地林木株数。

4.4.3　航空摄影林木树高的提取技术

传统航空摄影利用建立立体相对，在立体模型中选择郁闭度较低的地区分别在地面和树顶量测高度，两者差即为树高值。但是此方法仅限能看到地面表面的地区才能准确的量测。随着各种技术的发展，LiDAR 发展，目前在对林区进行航空摄影时在飞行器上悬挂 LiDAR，一起得到拍摄影像区域内的点云数据。

机载 LiDAR 技术的发展提供了一种全新的获取高时空分辨率的地球空间信息的技术手段，它能够快速获取高分辨率的数字地面模型及地面物体的三维空间坐标，进而提取地物的垂直结构特征，配合地物的高分辨率影像，能提高对地物的识别能力，并在此基础上提取感兴趣的特征信息。因此，机载 LiDAR 技术在摄影测量、遥感与测绘等领域具有广阔的发展前景，在国民经济建设中如农业、林业、水利电力、道路设计、国土资源调查、交通旅游与气象环境调查、城市规划等许多领域应用广泛。在美国、加拿大和欧洲的诸多项目中已越来越多地使用 LIDAR 数据处理技术，而我国的机载 LiDAR 技术研究同发达国家相比相对落后，开展机载 LiDAR 技术的硬件及数据处理软件的开发，能推动其在我国国民经济建设中的应用，具有重要的现实意义。

传统上，林业工作者依靠地形图获取地形信息，通过样地调查获取树高和林分蓄积数据。而机载 LiDAR 系统不同于多光谱成像和航空摄影，它可以对树冠下方的地面以及树高同时测量，从而获取精确的数字地面模型和森林树冠的垂直结构特征。LiDAR 系统的激光扫描设备装置可记录由树冠顶部产生首次回波、树冠中部产生的多个回波以及地面产生的最后回波信息，可同时获得多个层次的高程信息，从而提取森林的垂直结构特征。根据首次回波可以生成地物的数字地面模型（DSM，Digital Surface Model），地面回波可生成数字高程模型（DEM，Digital Elevation Model），在林区 DSM 与 DEM 之差即为森林的林分高度。此外，可基于 LiDAR 数据估算森林树木的覆盖率和覆盖面积，推算林分蓄积等林分因子，为森林经营管理提供参考数据以便于相关部门进行宏观调控。

针对研究区是林区，研究对象是树木，那么范围内地物类型较简单，将激光点云数据分为 5 类：低点、地面点、低矮植被、高植被和建筑。

在 Terra scan 模块中，导入口.las 激光点云文件。使用 Terra scan \ tools \ micro 工具设置点云的分类规则，分类规则描述如下：

①低点。低点为明显低于地面的点。这些点远低于地面，可能是错误点信息，不能用来建立地面模型。低点通常不会密集成片的出现，本实验设置分离出来的一组低点最多为 3 个，距离搜索 15m 范围内明显比周围点低 1m 的点，即为低点。

②地面点。即地面反射回到 LiDAR 系统传感器的点，地面点分类的准确

性直接决定着后期生成 DEM 的精度，以及基于 DEM 计算的树冠高度。

③低矮植被。即为灌草层植被，设置为 0.5～2m 高度的范围。

④高植被。设置 2～30m 为高植被乔木层。

⑤建筑。试验区为林区，没有大型建筑，设置房屋点云类别为高度大于 2m 以上，最小建筑物面积为 6m²，最大顶面角度为 60°，同一建筑物的顶部两点之间最大距离为 2m。

4.4.3.1 树高的估测

机载 LiDAR 以及航空摄影无法直接获取被树林等地表覆盖所遮挡的地形高度。然而，LiDAR 系统优于传统测量方法的一个主要特点是，基于点云的分类和滤波技术，能把树冠层和地面剥离。对于林区而言，LiDAR 系统发射的一个激光脉冲可以被树干、树枝、树叶以及地面多次反射回到传感器，来

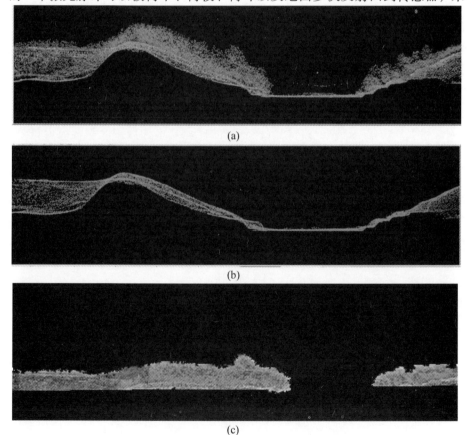

(a)

(b)

(c)

图 4-11 DSM(a)，DEM(b)，CHM(c)示意

自树顶的回波与来自地面回波高程之差即为树高。在实际处理中，我们应用LiDAR 软件对点云进行分类，区分地面点和地表地物点（图 4-11）。其中，包含植被冠层表面高度的地表地物点生成数字表面模型（DSM），而地面点生成高精度的数字高程模型 DEM。它是以一定大小的网格构成的二维数组来表达地面高程，它表达的是地面裸露点，不包括树木、房屋等地表景观的高度。因此，林区的冠层高度模型 CHM（Canopy HeightModel）可以由该地区的数字表面模型 DSM 减去数字高程模型 DEM 而得到。

4.4.3.2 林分密度的估测

根据 LiDAR 数据提取的单木位置，统计角规样地 20m 缓冲区范围内包含的林木株数，根据样地面积转换成每公顷株数，即可得到样地的林分密度。另外，对航空影像进行树冠人工目视解译，获取样地的林木株数。目视解译确定样地立木株数时，对于恰好在样圆边缘上的树冠，如果一半以上进入样圆之内，则计数；一半以上在样圆之外的不计数；当树冠是否过半难以判断时，每两株计数一株。将 LiDAR 数据获取的林木株数与目视解译的结果进行比较，发现 LiDAR 数据提取的单木树冠，能把大部分的树冠识别出来，但也有部分树木存在漏判、误判的情况，有的将一个树冠判成两株，有的树冠被漏判。将 LiDAR 点云数据与目视解译获取的样地立木株数按面积转换为每公顷株数，分析不同方法计算的林分密度差别。

参考文献

鲍晨光. 2010. 森林类型遥感分类研究[D]. 哈尔滨：东北林业大学.

蔡文峰，李凤日. 2010. 基于 VirtuoZo 系统对林木冠幅信息的提取[J]. 森林工程，26(2)：4-7.

陈述彭. 1990. 遥感大辞典[M]. 北京：科学出版社.

戴福，贾炜玮. 2009. 帽儿山十种主要阔叶树冠径和干径的关系[J]. 林业科技情报，41(1)：1-3.

邓广. 2009. 高空间分辨率遥感影像单株立木识别与树冠分割算法研究[D]. 北京：中国林业科学研究院.

冯继武，潘菊婷. 1991. 遥感制图[M]. 北京：测绘出版社.

冯益明，李增元，邓广. 2007. 不同密度林分冠幅的遥感定量估计[J]. 林业科学，43(1)：90-94.

冯益明，李增元，张旭. 2006. 基于高空间分辨率影像的林分冠幅估[J]. 林业科学，42(5)：110-113.

冯仲科,殷嘉俭,贾建华,等.2001.数字近景摄影测量用于森林固定样地测树的研究[J].
　北京林业大学学报,23(5):15-18.

高祺.2012.谈森林遥感在二类森林资源调查中的应用[J].黑龙江科技信息(34):224.

宫鹏,赵永超,俞靓,等.2011.全球尺度下遥感与地理信息系统一体化软件平台研建进
　展[J].国际摄影测量与遥感动态专题,4(2).

华瑞林.1990.遥感制图[M].南京:南京大学出版社.

黄国胜,夏朝宗.2005.基于MODIS的东北地区森林生物量研究[J].林业资源管理(4):
　40-44.

黄建文,陈永富,鞠洪波.2006.基于面向对象技术的退耕还林树冠遥感信息提取研究
　[J].林业科学,42(增刊1):68-71.

黄建文,鞠洪波,陈永富,等.基于高空间分辨率遥感影像的树冠信息提取方法和系统:
　中国,201010164550.6[P].2010-08-27.

黄建文,鞠洪波,张强,等.面向对象的遥感影像树冠轮廓及参数自动提取方法及系统:
　中国,201110033961.9[P].2011-01-31.

黄仁涛,黄签.1992.中国小比例尺卫星影象地图的设计与制作[J].武汉测绘科技大学学
　报,17(4):11-17.

惠凤鸣,田庆久,李应成.2004.ASTER数据的DEM生产及精度评价[J].遥感信息(1):
　14-20.

贾淑媛,苏晓颖,尤燕,等.2002.卫星遥感专题图编制技术[J].内蒙古林业调查设计,
　25(1):41-42,48.

贾秀鹏,焦伟利,李丹.2006.基于SPOT 5异轨立体像对提取DEM试验与精度评估[J].
　测绘信息与工程,31(2):32-34.

雷添杰,宫阿都,李长春,等.2011.无人机遥感系统在低温雨雪冰冻灾害监测中的应用
　[J].安徽农业科学,39(4):2417-2419.

雷添杰,李长春,何孝莹.2011.无人机航空遥感系统在灾害应急救援中的应用[J].自然
　灾害学报,20(1):178-182.

李丹.1991.利用航片信息提取林分调查因子自动化的探讨[D].哈尔滨:东北林业大学.

李秀玲.2011.论影像地图的应用及编制[J].中国地名(3):33-34.

李亦秋,冯仲科,邓欧,等.2009.基于3S技术的山东省森林蓄积量估测[J].林业科学,
　45(9):85-93.

李宇昊.2007.无人机在林业调查中的应用实验[J].林业资源管理,8(4):69-73.

李宇昊.2008.无人遥感飞机在林业调查中的应用研究[D].北京:北京林业大学.

林丽莎.2001.航空遥感GIS数字图像的森林定量检测研究[D].哈尔滨:东北林业大学.

刘卫东.2008.摄影测量与遥感发展探讨[J].科技信息(35):59-70.

刘晓双,黄建文,鞠洪波.2010.高空间分辨率遥感的单木树冠自动提取方法与应用[J].

浙江林学院学报，27(1)：126 – 133.

吕国楷，等 . 1995. 遥感概论(修订版)[M]. 北京：高等教育出版社 .

梅安新，等 . 2001. 遥感导论[M]. 北京：高等教育出版社.

秦家鼎，李丹，孙玉军 . 1992. 探讨利用航空相片信息估测小班调查因子的方法[J]. 东北
　　林业大学学报，20(5)：18 – 24.

沙晋明 . 2012. 遥感原理与应用[M]. 北京：科学出版社 .

孙家炳 . 2003. 遥感原理与应用[M]. 武汉：武汉大学出版社 .

谭俊 . 1992. 用航空相片量测林分优势木平均树冠断面积预测林分材积[J]. 云南林业调查
　　规划，03：17 – 18.

屠亮 . 2000. 影像地图技术发展[J]. 遥感信息(4)：86 – 90.

万红梅，李霞 ，董道瑞，等 . 2011. 塔里木河下游林地树冠 QuickBird 影像信息提取与分析
　　[J]. 西北植物学报，31(9) ：1878 – 1885.

王佳，冯仲科 . 2011. 航空数字摄影测量对林分立木测高及精度分析[J]. 测绘科学，36
　　(6)：77 – 79.

王建敏，黄旭东，于欢，等 . 2007. 遥感制图技术的现状与趋势探讨[J]. 矿山测量，3(1).

王汝笠 . 1985. 用航空相片估算林木株数的新方法[J]. 林业科学，21(3)：298 – 304.

王欣蕊，黄丹，尚子吟 . 2012. 感制图的发展[J]. 科技传播(14).

韦玉春，等 . 2007. 遥感数字图像处理教程[M]. 北京：科学出版社.

韦玉春，汤国安，杨昕，等 . 2007. 遥感数字图像处理教程[M]. 北京：科学出版社 .

吴健生 . 2003. 遥感对地观测技术现状及发展趋势[J]. 地球学报，7(24).

武爱彬 . 2012. 基于高分辨率遥感图像获取与优化林分空间结构研究[D]. 北京：北京林业
　　大学 .

肖兴彦，郑美丽，魏淑兰 . 1984. 卫片与航片联合判读的森林调查方法[J]. 林业调查规划
　　(2)：4 – 5.

熊轶群，吴健平 . 2007. 基于高分辨率遥感图像的树冠面积提取方法[J]. 地理与地理信息
　　科学，23(6)：31 – 33.

尹英姬 . 2012. 基于数字摄影测量的森林调查因子的提取[D]. 哈尔滨：东北林业大学 .

臧恩钟 . 1981. 在航空照片上测定森林郁闭度的分析[J]. 林业勘察设计，04：29 – 32.

张齐勇 . 2009. 城区 LIDAR 点云的树木提取[D]. 成都：西南交通大学 .

张琼，刘芳，范文义，等 . 2011. 基于机载 LIDAR 数据及大比例尺航片反演林木参数[J].
　　东北林业大学学报，39(11)：25 – 28.

赵凡 . 2009."数字地球"，一场意义深远的科技革命——第六届国际数字地球会议综述
　　[J]. 中国国土资源报(9).

赵峰 . 2007. 机载激光雷达数据和数码相机影像林木参数提取研究[D]. 北京：中国林业科
　　学研究院 .

郑雪芬,周春艳. 2006. 浅谈 21 世纪遥感对地观测技术的前沿发展[J]. 西部探矿程(11):103 - 105.

智长贵. 2005. 基于航片的正射影像林相图制作及森林测量研究[D]. 哈尔滨:东北林业大学.

祝国瑞. 2004. 地图学[M]. 武汉:武汉大学出版社.

邹尚辉. 1990. 遥感图像专题制图[M]. 武汉:华中师范大学出版社.

Aardt Jan A N van, Wynne Randolph H, Scrivani John A. 2008. Lidar - based Mapping of Forest Volume and Biomass by Taxonomic Group Using Structurally Homogenous Segments[J]. Photogrammetric Engineering & Remote Sensing, Vol. 74, No. 8, August 2008, pp. 1033 - 1044. ADAME P, RO M D, CAELLAS I. A mixed nonlinear height - diameter model for pyrenean oak (Quercus pyrenaica Willd.) [J]. Forest Ecology and Management, 256:88 - 98.

Alves L F, Santos f A M. 2002. Tree allometry and crown shape of four tree species in Atlantic rain forest, southeast, Brazil [J]. J Trop Ecol, 18:245 - 260.

Andersen H E, McGaughey R J, Carson W W, et al. 2004. A comparison of forest canopy models derived from LIDAR and INSAR data in a Pacific Northwest conifer forest [J]. International Archives of Photogrammetry and Remote Sensing, 34:211 - 217.

Andersen H E, Reutebuch S E, Schreuder G. 2001. Automated individual tree measurement through morphological analysis of a LIDAR - based canopy surface model [J]. Proceedings of the First International Precision Forestry Symposium, 18 - 19 June, Seattle, Washington, pp. 11 - 22.

Banskota Asim, Wynne Randolph H, Johnson Patrick, et al. 2011. Synergistic use of very high - frequency radar and discrete - return lidar for estimating biomass in temperate hardwood and mixed forests [J]. Annals of Forest Science , 68:347 - 356. DOI 10. 1007/s13595 - 011 - 0023 - 0.

Bechtold W A. 2004. Largest - crown - width prediction models for 53 species in the western United States [J]. Western J Appl For, 19(4):245 - 251.

BI H, FOX J C, LI Y, et al. 2012. Evaluation of nonlinear equations for predicting diameter from tree height[J]. Can. J. For. Res. 42:789 - 806.

Bortolota Zachary J, Wynne Randolph H. 2005. Estimating forest biomass using small footprint LiDAR data: An individual tree - based approach that incorporates training data [J]. Journal of Photogrammetry & Remote Sensing(59):342 - 360.

Brandtberg T , Walter F. 1998. Automated delineation of individual tree crowns in high spatial resolution aerial images by multiple-scale analysis[J]. Machine Vision and Applications, 11(1):64 - 73.

Brandtberg T, Warner T A, Landenberger R E, et al. 2003. Detection and analysis of individual leaf – off tree crowns in small footprint, high sampling density lidar data from the eastern deciduous forest in North America [J]. Remote Sens Environ, 85(3): 290 – 303.

Brown S, Gillespie A J R, Lugo A E. 1991. Biomass of tropical forests of south and southeast Asia [J]. Can J For Res, 21: 111 – 117.

Calama R, Montero G. 2004. Interregional nonlinear height-diameter model with random coefficients for stone pine in Spain [J]. Can. J. For. Res. 34: 150 – 163.

Chang A J, Kim Y M, Kim Y, *et al.* 2012. Estimation of individual tree biomass from airborne Lidar data using tree height and crown diameter [J]. Disaster Advances, 5(4): 360 – 365.

Chasmer Laura, Hopkinson Chris, Treitz Paul. 2006. Investigating laser pulse penetration through a conifer canopy by integrating airborne and terrestrial lidar [J]. Can. J. Remote Sensing, 32, (2): 116 – 125.

Masato Katoh, Francois A Gougeon, Donald G Leckie. 2009. Application ofhigh – resolution airborne data using individual tree crowns in Japaneseconifer plantations [J]. J For Res, (14): 10 – 19.

Morris B. 2005. Forest Service Improves Efficiency of Forest Inventories [J]. LeicaGeosystems GIS & Mapping, 29(19): 42 – 49.

第5章　林火防控观测技术

5.1　林火防控概述

林火监测（Forest Fire Detection）是借助一定的设施、仪器，及时发现火情，准确探测起火地点、火的大小、动向的措施。及时发现火情是防止森林火灾发生的重要手段之一，是控制和扑灭森林火灾的基础，是实现"打早、打小、打了"的第一步。

林火监测最早开始于欧洲。1889 年，瑞典建立了世界上第一个瞭望台。1915 年，美国华盛顿州林业局首次使用飞机侦察火情。1962 年，美国国防部和农业部协作，首次把红外技术应用于林火探测。我国 1945 年前即在牡丹江林区设置了瞭望台，到 1983 年，全国共有瞭望台 2000 多个投入使用。1952 年在大兴安岭林区开始空中飞机巡逻报警工作。1979 年，黑龙江省森林保护研究所与华北光电技术研究所研制出 GIRFT - 30A 地面红外森林探火仪。当前，随着"3S"技术的迅速发展和在林火监测中的广泛应用，无人机、高分辨率航片、林火预测监测与信息管理系统以及手持式测树枪等新兴林火监测技术将这项工作带入了一个精准化的时代，同时也提出了更高的要求（图5-1）。

5.1.1　"3S"技术在林火防控中的应用

"3S"技术是以遥感（Remote Sensing，RS）、全球定位系统（Global Positioning System，GPS）及地理信息系统（Geographical Information System，GIS）为基础，与计算机及网络技术、现代通讯技术等其他技术手段有机集成，从而构成的新型高技术综合应用系统。

RS 是指非接触的，远距离的探测技术。一般指运用传感器或遥感器对物体的电磁波的辐射、反射特性的探测，并根据其特性对物体的性质、特征和状态进行分析的理论、方法和应用的科学技术，其可以快速获取地面资料的特征并对其加以解释。

GIS 是指一种特定的十分重要的空间信息系统。它是在计算机硬、软件系

图 5-1　各类林火监测形式

统支持下，对整个或部分地球表层(包括大气层)空间中的有关地理分布数据进行采集、储存、管理、运算、分析、显示和描述的技术系统。GIS 技术能够对整个或部分地球表层(包括大气层)空间中的有关地理分布数据进行采集、储存、管理、运算、分析、显示和描述，实时提供多空间和动态的地理信息，被广泛应用于调查规划、灾害监测以及其他宏观决策等领域。

　　GPS 是指利用 GPS 定位卫星，在全球范围内实时进行定位、导航的系统，称为全球卫星定位系统。GPS 技术所具有的全天候、高精度和自动测量的特点，作为先进的测量手段和新的生产力，已经融入了国民经济建设、国防建设和社会发展的各个应用领域。

5.1.1.1　卫星遥感林火监测

　　随着空间技术的不断进步，卫星遥感探测技术迅速发展。遥感手段是目前森林火灾监测的重要方法，在森林火灾监测过程中发挥着越来越重要的作用。目前，在国家森林防火管理研究工作中，利用卫星遥感技术监测林火的发生和动态变化，进行准确预警和林火扑救的技术已趋成熟。

　　(1)遥感林火监测原理

　　卫星探测林火是利用安装在卫星上的遥感器，接收地面林火信息或微波

图 5-2 卫星遥感林火监测示意

强度和波长，依据林火的热辐射光谱和林区背景光谱的差别原理，结合全球定位系统和区域森林资源地理信息系统，通过传输处理形成图像，可快速、大范围地确定林火的存在、判断火场的大小、边界、林火定位和蔓延发展动态，估算过火面积的一种监测方法，并可根据地形和林火扑救方案模型，快速模拟、选定最佳方案指挥林火扑救，同时估测森林火灾损失。

（2）遥感林火监测特点

探测范围广、搜集数据快，能得到连续性资料，反映火的动态变化，而且收集资料不受地形条件的影响，形象真切，成本低廉。目前我国利用气象卫星影像和数字资料监测林火有 3 个方面的内容，即早期发现火源、监测火场蔓延的情况、及时提供火场信息。比如，着火面积大于 1 个像元点时，卫星图片中可以明显看出；尽管 NOAA 卫星地面分辨率较低，但实践证明，对于面积小于 1 个像元点的火也可监测到。

（3）不同卫星遥感林火监测应用

◆ **NOAA/AVHRR 卫星监测**

该方法进行林火监测的信息源主要来自 AVHRR，它具有较高的空间分辨能力，1 天内有 4 次对同一地区进行扫描，星下点分辨率为 1.1km，投影宽度达2700 km，因其通道波长主要集中于红外波段，对地面温度分辨率也非常高。由于其时效性强、范围广、价格低，在林火卫星监测中应用较为广泛。AVHRR 有 3 个通道分别位于中红外和热红外区，第 3 通道波长范围为 3.55 ~ 3.93 μm，对林火有极敏感的反应。根据 AVHRR 5 个通道的特性，目前利用

AVHRR 进行林火监测主要有邻近象元法、阈值法、亮温结合 NDVI 法或综合以上方法进行监测，对近实时的林火监测有效率在 80% 以上，同时在林火持续和蔓延监测、林火面积和火灾损失等方面为森林火灾实时监测提供完善的服务。AVHRR 时效性、价格低廉以及研究应用技术成熟等特点使其在国内外林火监测中占据重要的地位，但也具有不足之处，如 T_3 饱和度低，阈值地域性较强，易受云、阴雨天气影响等。

◆ EOS/MODIS 数据监测

EOS 卫星为美国 1999 年发射的极轨双星系统，每天对同一地点扫描 2 次，MODIS 中高温目标有较强反应的为 CH7 通道($2.10 \sim 2.13\mu m$) 和 CH20 ~ CH25 通道($3.66 \sim 4.54\mu m$)，星下点分辨率为 0.5 km 或 1.0 km，在对温度均具有较高敏感性的多通道中，正确地选取通道有利于解决火点、火势、蔓延趋势等问题。研究认为，近红外波段中，CH7 能较好地判别出火点，但还需要中红外波段辅助确定；在中红外波段中，CH21 在大多数波段饱和情况下具有较高的敏感性，而远红外波段中 CH31 较 CH32 识别能力强，在火点判别中，需根据区域性进行调整，方可准确监测火点。在利用 MODIS 卫星林火监测中，可采用高分辨率的可见光波段如 CH1、CH2 结合红外波段如常用的CH21 等，制成林火监测图，可直观地反映火点位置及火点周围情况，为林火提供高效的管理。由于较高的时空分辨率及数量多的高温敏感通道，其火点判别能力和定位精度较 NOAA/AVHRR 等其他气象卫星高，在林火监测应用中具有较 NOAA/AVHRR 更加广泛的前景，如林火类型识别、火头和火烧迹地识别、林火植被种类识别等定性定量分析。

◆ 风云(FY)系列卫星监测

1988 年以来，我国已成功发射 2 代风云系列气象卫星。目前在林火监测(图5-3)中应用较多的为 FY – 1C，FY – 1C 星下点分辨率 1.1 km，每天定时 2 次实时发送云图，其多通道扫描辐射仪中第 3 通道 T_3($3.55 \sim 3.93\mu m$) 为林火监测的主要来源，而 T_1、T_2、T_4、T_5 的结合在森林植被、温度变化上的敏感也为林火监测、损失和扑救工作提供了较丰富、直观的指导性作用。除了FY – 1C 外，FY – 2C 及 FY – 3 也为林火监测研究提供了一定的数据基础。FY – 2C 为静止气象卫星，星下点空间分辨率为 5.0 km，每小时观测 1 次，观测范围比极轨卫星广，第 2 通道 T_2($3.50 \sim 4.00$ μm) 为林火监测的主要通道，通过与其他红外通道亮温差异比较，结合可见光波段判断火点，影响 FY – 2C火点识别的因素主要为云反射、低植被覆盖率和裸露地表的干扰。FY – 3A 中

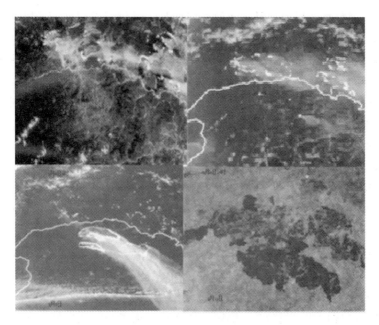

图5-3 林火监测

的可见光红外扫描辐射计(VIRR),星下分辨率为 1.0 km,特设了 T_3(3.55 ~ 3.93 μm),结合 T_1 ~ T_4 可见红外波段,对云、水识别和耀斑剔除,较好地应用于林火监测。研究认为,在对热异常点的识别能力上,VIRR 要优于 MODIS 卫星。根据 FY – 3A 分辨率光谱成像仪(MERSI)第 5 通道 T_5(10.00 ~ 12.50μm)和 VIRR 红外通道对亮温反应的一致性和线性相关,研究了 MERSI 数据在林火监测中的应用,效果良好。我国风云系列卫星技术也越来越成熟,这也使林火等环境灾害监测更精确、更直观。

气象卫星是对大气层进行气象观测的人造卫星,属于一种专门的对地观测卫星或遥感卫星,具有范围大、及时迅速、连续完整的特点,并能把云图等气象信息发给地面用户。气象卫星具有除一般卫星的基本结构和部件外,还携带各类遥感仪器,包括电视摄像机、红外探测仪、射电探测仪、多谱段探测仪、气象雷达以及数据传输设备。气象卫星的轨道一般分 2 种:一种是太阳同步轨道,它的轨道高度较低,能够实现全球覆盖,用于观测天气变化的细节;另一种是静止轨道,它能够观测地球表面40%固定区域天气大系统的变化。这两种卫星获得的云图共同使用,可完成天气的近期和远期预报。

气象卫星林火监测是从气象卫星收集的气象资料中提取有关林火方面的

信息，经国家林业局卫星林火监测处接收后，对数据进行处理，制成可供森林防火部门使用的标明火场位置、火势强弱、火场面积及发展方向的计算机图形文件，并经卫星监测计算机网络传输到全国各级森林防火部门的林火监测网络终端机内，森林防火部门可以在计算机上了解到有关林火方面的各种信息。目前，在我国的东北、西南、西北林区县级以上的森林防火部门大都已设立卫星林火监测接收站或终端站，已经形成了以国家林业局卫星林火监测处为中心，遍布全国各林区的 137 个卫星监测终端站的卫星林火监测网。

这项技术经过在全国各林区一年多的应用，其优点已经越来越受到使用部门的认可，主要体现在以下几个方面。

①观测范围广、时间频率高。我们所用的卫星是租用美国的两颗气象卫星 NOAA-12 和 NOAA-14，其距地面大约 833km，平均扫描宽度为 2700km。每颗卫星都能观测到我国所有林区的全部热点信息。两颗卫星同时运行每天约有 14.2 条轨道，对同地点一昼夜至少扫描 4 次，弥补了飞机巡护每天一般只 1 次，瞭望台夜间观测不方便的缺点。

②能准确标明火场位置，确定火场面积、火势强弱及发展方向。卫星林火监测图在计算机上经过放大后，可以看到黄色亮点及红色、黑色区域，其中黄色亮点表示火场温度最高点的经纬度坐标，红色表示正在燃烧的区域，黑色表示过火区。每个点称为一个像素，每个像素面积为 1.21 km²。在红色区中颜色越浓表示本区温度越高，即火势越强。另外，对不同时间同一火场卫星监测图的增加像素上可以了解到，像素增加方向即为火势的发展方向。同时还可以计算出在过去的一段时间里火头的推进平均速度及单位时间内面积扩展平均速度，其公式如下：

$$V_1 = S_1/T \tag{5-1}$$

式中　V_1——面积扩展平均速度；

S_1——在过去的一段时间里火场过火面积增加数，$S_1 =$ 同一火场在不同时间内在卫星监测图中增加的像素数 $\times 1.21 \mathrm{km}^2$；

T——卫星扫描两幅图的时间差。

$$V_2 = S_2/T \tag{5-2}$$

式中　V_2——火头推进平均速度；

S_2——同一火场在不同的时间内火区扩展的最大距离；

T——卫星扫描两幅图的时间差。

③节约时间及费用。从卫星上接收到林火数据，到对数据进行加工处理制

成图像，如果各终端站能够及时接收，整个时间不超过 20min，为森林防火部门及时扑灭林火提供了方便。就各森林防火部门而言，得到一个火场各方面的准确信息的费用，远远低于飞机巡护和瞭望塔观察到火场各方面信息的费用。同时，它能够准确地发现地区偏远、人烟稀少、不易被人们发现的林火，为各级森林防火部门及时了解火场情况提供第一手资料，以便及时扑救，避免小火酿成大灾。

④直观方便。卫星林火监测图在计算机上经过放大，无论有无计算机知识的人都能对火场准确位置、火场面积、火势强弱及火势发展方向一目了然。

◆ **环境减灾(HJ)卫星监测**

2008 年 9 月，我国发射了环境减灾一号卫星(HJ)A、B 星，其中 HJ – 1B 卫星搭载的可见/红外遥感仪对地空间分辨率为 150m，回访周期 4d，第 3 通道 T_3(3.50 ~ 3.90) 对地表高温具有较高的敏感性，与 T_4 结合用于火点监测，在 2009 年中国的黑龙江省和澳大利亚森林火灾中，HJ 卫星发挥了较好的林火监测效果。由于 HJ – 1B 卫星红外成像空间分辨率较其他卫星红外成像的分辨率高，且 HJ 卫星的高分辨率的多光谱和高光谱成像仪为精准、近实时的森林火险监测和评价系统提供优越的基础，如提取火点、过火面积、烟雾监测、火险评估、扑火指挥等方面具有更广阔的研究和应用前景。

(4)我国目前卫星遥感林火监测的发展与应用

◆ **发展**

我国原林业部于 20 世纪 80 年代后期在北京建立了卫星林火监测、信息传输系统之后，又建立了西南、西北林火监测分中心和与之配套的计算机网络系统，并已投入运行，现在已经形成了一个可覆盖全国的卫星林火监测网络。

我国的全国卫星林火监测信息网是服务于全国森林防火系统的远程计算机网络系统。系统建有国家林业局防火办公室计算机网络系统及预测、指挥扑救、评估系统。目前，分布于北京、昆明、乌鲁木齐 3 大监测局域网和林火监测系统，以及分布于全国各省市和重点森林火险地市的防火办和森工企业、森林警察、航空护林和其他相关部门有近 200 个远程通信终端。该系统在实际森林防火工作中已基本能做到有火情及时发现，火场林火信息能及时传输。

◆ **应用**

目前服务于国家林业局森林防火办公室的实用运行系统，是由中国科学院承担，国家卫星气象中心、北京师范大学等单位参加研制的卫星遥感森林火险预警、火灾监测和灾情评估系统。它可以及时、准确预报火险等级，发现火情，了解火灾的初步损失，为扑火指挥提供辅助决策。其应用 MapInfo 桌面地理信息系统，在基础地理信息库、气象信息库、森林火灾历史库和火险预报模型库的支持下，可制作输出全国火险天气等级预报图。应用 IntergraphMGE 图像处理软件进行陆地卫星 TM 图像处理，并和林相图的矢量数据复合，可提取过火面积、过火林地面积、林木受损率，统计并估算林火的强度和经济损失。

　　近年来，我国加强了和许多国家在这一领域的合作。最近我国与日本进行的一项信息化合作项目就是共同开发——林火信息管理系统（图 5-4）。这套系统是以计算机网络、大型数据库系统和 3S 系统（地理信息系统、遥感系统和全球定位系统）为工作平台；以基础地理信息（交通、水系、行政区界、居民点、等高线、数字地形模型），卫星图像信息（气象卫星和陆地资源卫星数据），森林防火信息（火点、正常热源点、防火设施）为信息内容；并可以实现海量数据管理、图像数据管理、林火监测、林火预测预报、防火辅助决策和信息发布等系统功能（图 5-5 至图 5-8）。目前它还正处于开发状态之中。

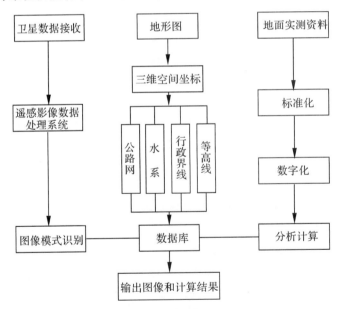

图 5-4　林火信息管理系统

　　我国利用卫星监测林火技术才刚刚起步，与发达国家相比还存在一定差距，全国林火监测信息网的建立是我国向森林防火事业现代化迈出的一大步。随着我国航天技术的发展，我国自行研制卫星的性能进一步提高，对林火监测也将更加精确；加之近年来网络等各方面技术的发展，卫星林火监测技术会更加成熟，将被更多地应用于国民建设中的许多相关领域，在森林资源保护方面发挥更大的作用，作出更大贡献。

图 5-5 卫星监测

图 5-6 火灾监测结果

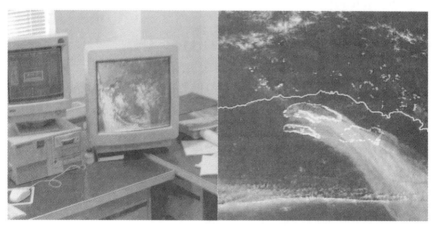

图 5-7 我国卫星遥感林火监测

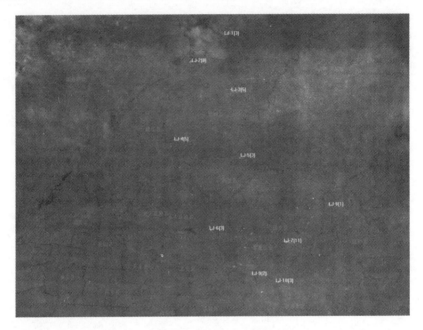

图 5-8 林火监测结果

(5)卫片在林火监测中的应用

◆ **卫片的优越性**

①时效性强,更新快。卫片更新周期短,时相选择方便,信息量丰富,能够真实反映调查地区的实际情况,可根据需要选择调查年份月的卫片资料。

②界线准确、地类边界清楚卫片原始数据为中心投影,经高斯—克吕格(Gauss-Kruger)投影进行正射校正后,各地类边界准确,形状真实,不变形,可准确的勾绘出地类边界。

③使用方便、成图质量高。作为外业区划、调绘的手图,卫片经加工处理后颜色醒目,色彩丰富,各主要地类差异明显,小班区划调绘具有较高的准确率。用各种颜色的水彩笔直接在卫片上区划小班,速度快、精度高,从而减轻了成图工作量,提高了成图质量。

◆ **卫片判读遇到的问题**

①云(霾)和山区阴坡阴影。云(霾)对光线,尤其是对可见光具有阻挡和散射等作用,严重者造成云(霾)下的地物信息无法准确判读。在卫片选取时,尽量选择无云(霾)的卫片。一旦选择的遥感卫片内有云(霾),应利用遥感软件,尽量消除云(霾)的影响。阴坡阴影有时颜色较深,与密林颜色非常接近,

容易误判。因此，在对阴影下地类边界变化较小的小班区划时，要参照以往的调查资料进行，而地类边界变化较大的要利用 CPS 现地定位，确定各地类边界的位置，以保证各地类面积的准确。

②同物异谱、同谱异物现象。调查地区因立地因素、拍摄季节、森林植被分布、气候条件的不同，卫片所反映的影像色调也应不同。但相同植被和不同植被存在着同物异谱、同谱异物现象，造成此类小班界难以区划确定。区分幼林地、疏林地、灌木林地难度较大，只凭卫片色标、颗粒、稀疏等特征直观判读，误差较大。此时应根据卫片的颜色、纹理、形状、大小和阴影等特征进行室内小班区划，然后到现地对照进行修改。这种方法节约时间，提高外业工作效率。

③卫片判读山体走向、坡度难度较大。卫星影像图的优点是图面直观反映地物的形状、大小、高度、立体感、色调和阴影等主要表面的特征，能快速识别不同林地地物，使区划工作精度高，速度快。缺点是确定小班所在山体走向、高度、坡位等有一定困难，没有地域名称，小路、溪流不明显，有时难以识别，因此不能离开地形图单独使用。

◆ **提高卫片判读正判率的几点建议**

①选择高分辨率遥感影像卫片。

②使用适宜时点的卫片。不同季节的遥感数据形成的卫片，对正确判读影响较大。

③使用叠加地理信息后的卫片。地理信息叠加到卫片能大幅提高调查工作效率，调查队员通过手工绘制各级行政边界时较多。调查使用的卫片应叠加地理信息，可加快判读速度和精度。

④加强技术培训。外业调查开展前，应抽出一定的时间，组织所有参加外业调查人员进行技术培训，统一技术标准，提高应对问题能力，提高调查质量。

⑤收集以往图面资料辅助区划判读。在卫片判读遇到某树种色标不易判读时，参照原资源分布图、作业设计等，可以提高卫片判读的正判率。

⑥结合当地技术人员"一对一"判读。在判读时除参考原有资料外，可结合当地技术人员等"一对一"判读。"一对一"是指判读人员与熟悉当地林业资源情况的有关人员，可在室内面对面，对照卫片按一定的顺序，一块一块的对应，可提高判读速度和精度。当地技术人员、护林员、当地干部群众，他们是当地的"活地图"，对所在地的资源分布十分清楚，他们的参与可以解决部分卫片判读的疑难点，特别是在遇到阴影或同物异谱、同谱异物现象时，

可提高卫片判读的正判率。

⑦现场实地判读。利用上述方法，仍不能判读的小班，需到现场实地判读。作者认为，基于现在的卫片分辨率，利用卫片判读只是个辅助措施，外业调查是必不可少的一个环节。

5.1.1.2　GIS在林火监测中的应用

在林火地预测预报方面，由于GIS能将不同的信息源进行统一管理和综合分析，更有利于对林火的发生、发展进行曲线分析，直观地将林火的火险分析提供给管理者。GIS林火预测预报的过程是接收气象数据，选用火险等级分析模型综合资源气象和地形地貌数据进行综合分析，得出火险等级数据，图形显示或输出火险等级分布图、发出警告信息的过程。

在现场报告与林火的定位方面，GIS具有丰富的查询功能，对于现场报告的模糊信息可以利用GIS模糊查询功能，对森林火灾的发生位置进行定位，也可以直接报告经纬度数据或大地坐标数据在GIS中的地图上将林火定位，并将其他相关数据显示给指挥者。

在最佳路径的确定方面，GIS可以根据交通道路的分布情况、扑火队伍的实际位置和要到达的目的地信息，自动计算出最佳的行进路线。

GIS与通讯网络的结合。通讯可以将GIS系统形成具有活力的指挥中心的信息进行快速更新，决策方案能及时发递。GIS结合通讯技术，将变成GIS为中心枢纽的信息网，从各个方面以各种途径传递各种信息，GIS可以将此统一管理协调起来。

5.1.1.3　GPS在林火监测中的应用

GPS全球定位系统在近几年国内外的发展和应用十分迅速，它是由均匀分布的24颗空间卫星不断地单向传输住处到用户地GPS接收器，根据卫星的位置，定位精度可以达到100m之内。

通过GPS可以将地理位置转化成GIS的数据格式并输入到GIS中，通过GIS来产生地图，如过火区边缘、交通道路、防火隔离带都可以用GPS将其采集到GIS中。GPS与扑火队伍和运载配备、GPS和相应的通讯设施联通后，就可以将队伍行进的位置和路线及时传输到指挥部的GIS系统之中，GIS就可以准确地定位到地图之中从而就可以对行动的方向、位置、到达的目标地及时地纠正和调整。

5.1.1.4　"3S"技术集成应用

"3S"技术利用RS的大面积获取地物信息特征，GPS快速定位和获取数据准确的能力，GIS 的空间查询、分析和综合处理能力，三者有机结合形成一个系统。RS、GPS 与 GIS 这 3 个技术各有侧重，互为补充。RS 是 GIS 重要的数据源和数据更新手段，而 GIS 则是 RS 数据分析评价的有力工具；GPS 为 RS 提供地面或空中控制，它的结果又可直接作为 GIS 的数据源。在"3S"系统中，RS 相当于传感器，用于获取信息；GPS 相当于定位器，进行定位、定向导航；GIS 相当于中枢神经，对信息进行综合分析处理。

"3S"技术在航空护林林火监测的应用主要利用卫星以及飞机对森林火灾进行监测。卫星林火监测在空间层次上是基于最高层的森林火灾监测手段。卫星林火监测的基本原理就是应用"3S"集成技术，首先运用遥感卫星对地球表面进行扫描，当林区有火点时，RS 技术会实时捕捉到瞬间的热红外遥感图像（或 CCD 数字阵列）。与此同时，GPS 技术能准确地采用空—地定位测量，测得火点的三维空间数据，而后通过卫星地球站把扫描信息接收下来，迅速地输入在线连接的由计算机系统支持的 GIS 系统，GIS 对这些信息进行处理，识别出红外热点（hot spot），根据植被信息对热点类型进行初步判读，从而实现对森林火灾的卫星监控。应用气象卫星进行林火监测具有覆盖范围广、时间分辨率高、时效性强等优点。

利用卫星遥感（RS）和飞机航拍、自动气象站等结合地面应用 GPS、全站仪、视频超站仪、电子角规、电子手簿等现代设备仪器进行调查，可获取林场、地区、省市乃至全国的各种数据。这些数据既可以是文本的、也可以是声音的、图像的或视频的。数据经过预处理后，储存在专门的数据库（空间数据库、属性数据库和影像数据库）中进行管理。

利用地理信息系统可快速绘制各种资源的空间分布等各种专题图，如林相图、森林分布图或可燃物类型分布图、行政区划图、地形图、水系图、居民地及扑火队伍分布图、救火设施分布图、交通道路分布图、防火隔离带分布、社会经济分布图等各种专题图。利用地理信息系统强大的空间分析能力和专家系统中存储的知识，还可进行科学的规划，提出合理的规划方案，供森林防灭火规划决策使用。气象卫星林火监测，既可以用于林火的早期发现，也可以对重大林火的发展蔓延情况进行连续跟踪监测，进而制作林火报表和林火态势图，开展过火面积的概略统计、火灾损失的初步估算及地面植被的恢复情况监测，以及森林火险等级预报等工作。

森林火灾具有突发性强、蔓延迅速的特点，利用"3S"技术不但可以对森林火灾进行实时监控，进行预测预报，还可以有效地指导林火的扑救工作，并对灾后的损失、过火面积进行评估。随着空间信息科学、数字图像处理技术及计算机技术的发展，"3S"技术已经发展成为一门综合的技术。

5.1.2   航空巡航林火防控

5.1.2.1   航空巡航概述

　　航空巡护是利用飞机在空中对林火进行监测和定位探火方法(图5-9)。飞机机动性强，可在广阔的林区进行间断性观察，是重点林区重要林火探测方法之一。观察员在飞机上可以确定火灾的位置、估测火场面积和判断火的种类。其主要用于人烟稀少、交通不便的偏远原始林区，即地面巡护和瞭望台观察所不及的地区。目前我国用于航空巡护和载人机降灭火的飞机有固定翼飞机和直升机两类，8个机种。另外，高分辨率摄像头、红外热成像仪、高分辨率航片和无人机等技术也逐步应用于森林防火航空巡护领域。巡护时飞行高度以 1500～1800m 为宜，一般视线距离为 40～50km，在能见度较好的天气，视程可以再远一些。巡护中在区别烟、雾、雹、霰的同时，应正确判断林火及其他火情，发现森林火情，飞机应低空侦察，找到起火点，测定火场位置，绘在航图上，并立即用无线电向防火部门报告。

图 5-9　航空巡航

航空巡护的优点是巡护视野宽、机动性大、速度快，同时对火场周围及火势发展能做到全面观察，可及时采取有效控制措施。但受经济力量和飞机数量的限制，还未在全国全面使用。

其缺点是，夜间、大风天气、阴天能见度较低时难以起飞，同时巡视受航线、时间的限制，只能一天一次对某一林区进行观察，如错过观察时机，当日的森林火灾也观察不到，容易酿成大灾，固定飞行费用 2000 元/h，成本高，租用飞机费用昂贵，飞行费用严重不足，这些就需要用定点监测的方法来弥补其不足。

（1）巡护区域的确定

巡护区域一般是在人烟稀少的雷击区和高火险地区。所以，在选择飞行巡护区域时，要了解全地区每个区域的火灾历史（即火灾的发生频度）、现在的可燃物类型及载量、火灾危险程度（即火源出现的种类和数量）以及现有的探测能力（飞机有多少、航线的长短）。用上述资料可制成可燃物类型图、火灾发生图、火源分布图，再结合气候条件绘制成火险图。根据这些图表，即可确定飞机巡护区域。火灾经常发生、火险级较高、森林价值比大的地段，是飞机巡护的重点地段。在有瞭望台分布并直接监视的地段，一般不需要空中巡护。

（2）飞机的技术要求与机型

◆ **要求**

①视野开阔；②低空飞行，安全可靠；③装备通讯设备。

◆ **机型**

包括运五、立二、伊尔-14、直-五、米-8 等。

中国航空护林飞机与机场相关的性能，见表 5-1。

表 5-1　中国航空护林飞机与机场相关性能

机型　　性能	固　定　翼				直　升　机			
	运 - 5	运 - 11	运 - 12	伊尔 - 14	米 - 8	直 - 9	贝尔 212	直 - 8
起降跑道长度（m）	350×20		500×30	1000×30	60×40	30×30	25×25	30×30
起飞滑跑距离（m）	180	160	260	500				
着陆滑跑距离（m）	150	140	219	600				
最大时速（km/h）	268	220	328	412	250	324	241	315

（续）

机型　　性能	固 定 翼				直 升 机			
	运-5	运-11	运-12	伊尔-14	米-8	直-9	贝尔212	直-8
巡航时速（km/h）	180	70~200	230~250	340	225	260	160	255
飞机空重（kg）	3450	2140	2840	12700	7250	1975		7095
最大载量（kg）	1240	940	1700	3750	4500	213	1000	4000
均耗油量（kg/km）	150L/h	0.55	0.72	550L/h	570L/h	1.00	270kg/h	1275L/h
最大起飞全重（kg）	5250	3500	5000	18000	12000	4000	5080	13000
最大航程（km）	1200	900	1440	1785	500	860	450	780
续航时间（h）	8：00	7：30		8：10	300	3：20	4：00	2：31
上升率（m/s）	2~3	4.1	8.8	2~3	3~5	4.2		11.5
实用升限（m）	5000	4000	7000	6500	4500	6000	6000	6000
最大携油量	1200L	390kg	1230kg	3250L	2785L	1140L	1080kg	3900L
起降允许最大风速（m/s） 顺风	2			5	5			
45°侧风	9			15	10			
90°侧风	7			12			10	
逆风	16			28	20		25	

◆ **东北航空护林主要机型介绍**

2008年12月底，经国办、中央军委批准，武警森林部队于黑龙江省大庆市组建直升机支队，武警森林部队灭火作战由单一常规方式向地空立体结合方式转变。支队配备的直8改进型航空灭火直升机，分指挥型和运输型两种，运输型最大内载4t，可搭载27名士兵（全副武装的灭火队员10~15人），最大起飞重量13t，最大巡航速度255km/h，最大飞行距离780km。现已形成初步遂行任务能力，具备火场空中侦察与指挥、远程兵力投送、索（滑）降灭火、机降灭火、吊桶灭火、物资运输、搜索营救、战场救护等7种作战能力，成为森林部队空中灭火的"杀手锏"。

（3）航线的制定

◆ **原则**

制定巡护航线应按照以林为主，兼顾全面，打破行政界线，保证重点林区，减少或消灭空白区域的原则。并且制定的航线应该使飞机飞行时间短，火情发现率高并节省资金。

◆ **航线长度**

航线长度主要根据飞机的性能来确定。航线的最大长度要小于飞机最大航程的80%，留出20%的飞行时间用于离开航线观察火情及空头火报。在保证完成巡护任务的前提下，应尽量缩短航线，避免无效飞行。

◆ **航线间距离**

航线间距离与飞行的水平能见距离有关，而飞行的水平能见距离又与飞机的飞行高度相关。一般来说，飞机飞行越高，飞机能见距离越远。飞机的水平能见距离可由以式(5-3)求出：

$$S = 1.22 = \sqrt{H} \tag{5-3}$$

式中　S——飞机水平能见距离(km)；

　　　H——飞行高度(m)。

也可依据表5-2查得：

表5-2　飞行高度与水平能见距离关系

飞行高度(m)	500	1 000	1 500	2 000
水平能见距离(km)	25	37	45	60

航线之间的距离一般为60~100km，这是根据飞行高度与肉眼水平能见距离来确定的。

(4)巡护航线模型

巡护航线模型(即航线的设计形状)主要有3种：格子模式、轮廓线模式和多角近圆形模式。

◆ **格子模式**

这种航线是要求飞机在巡护区上进行一系列的平行飞行，平行航线之间的距离是当天观测时能见距离的一倍。在需要进行第二次巡护的区域，所飞行的航线应与第一次飞行的航线垂直。

这种航线类型相对来说最适合于地形平坦、火险状况基本一致的地区。在这种地形上，合适的飞行高度为600~700m，根据能见度状况航线间距离一般为30~50km。

◆ **轮廓线模式**

这种航线模式一般用于山区复杂的地形上。飞机一般沿着一个主要的排水系统(山谷)或两个排水系统之间的顶点(山脊飞行)。为了确定合适的飞行和飞行高度,需要设计人员在地图上画出大概的巡逻航线,确定飞机应该飞过的山谷和山脊。合理的航线设计应是在保证有好的视野的情况下,尽量增大可见区和缩小盲区。

◆ **多角近圆形模式**

多角近圆形航线是东北航空护林局为克服多年使用四角巡护航线而表现出的不足,在航空护林基地增多的情况下设计的。自1983年以来推广使用,取得的效果较好。

多角近圆形航线是以航空护林为中心,根据巡护区域的大小设计2~3条航线,航线一般要通过火险等级高、森林价值大的区域。

多角近圆形航线与四角航线比较有下列优点:

①选点飞行,机动性强。航线随着季节变化,有伸有缩;对人员活动频繁的地区,加强巡护;根据每天的天气条件的变化,选点巡护,减少和避免无效飞行。

②缩短巡护时间,增大巡护密度。由于航线通过的点较多,无效飞行时间减少,使一次飞行时间缩短。这样在一天内可安排2~3次飞行。每天起飞架次增多,增大了重点防护区巡护飞行密度,减少了火情遗漏,提高了火情的发现率,而且发现小火比例大,成灾面积小。

③合理利用飞机的有效飞行时间,节省了飞行费用。

(5)巡护面积的计算

飞机巡护的有效巡护面积可由下式计算:

$$P = 2VRTC \tag{5-4}$$

式中　　P——巡护面积(km^2);

　　　　V——飞行速度(km/h);

　　　　R——水平能见距离(km);

　　　　T——飞行时间(h);

　　　　C——飞行时间的消耗系数(无量纲)。

飞机在巡逻时,飞行时间不仅消耗于航线的飞行和重叠的航线飞行上,而且也消耗于飞机发现火情后离开航线测定火场位置和投递火报上。某区火险等级高时,飞行时间消耗多。所以,参数C主要根据巡护区域内森林易燃性而定。火灾危险性大的区域参数C为0.5;火灾危险性中等的区域参数C为0.6;火灾危险性小的区域参数C为0.7。

（6）巡护密度的计算

巡护是观察员利用飞机沿航线对林区地面进行的空中瞭望火情飞行。航空护林巡护飞行只允许在日出后半小时至日落前半小时这段时间内巡护，这段时间也就是最大巡护时间。巡护密度是观察员对地面进行瞭望的面积和瞭望时间的一种数量标志。根据瞭望时间和瞭望面积可将巡护密度分为巡护空间密度和巡护时间密度。

①巡护空间密度。巡护空间密度是空中观察员对地面瞭望的面积占整个巡护区面积的百分比。

$$D_s = \frac{S_i}{S_a} \times 100\% \tag{5-5}$$

式中 D_s——巡护空间面积；

S_i——瞭望面积；

S_a——巡护区面积。

②巡护时间密度。巡护时间密度是空中观察员对地面瞭望的时间占整个巡护时间的百分比。

$$D_t = \frac{T}{T_{max} \times 100\%} \tag{5-6}$$

式中 T——瞭望时间；

T_{max}——最大巡护时间；

D_t——巡护时间密度。

根据空中观察员对地面进行瞭望的区域大小，巡护时间密度分为点巡护时间密度、航线巡护时间密度和责任区巡护时间密度。

a. 点巡护时间密度。点巡护时间密度是巡护飞行时，空中观察员对地面某一点的瞭望时间占最大巡护时间的百分比。

$$D_p = \frac{T_p}{T_{max} \times 100\%} \tag{5-7}$$

式中 T_p——该点的瞭望时间；

D_p——点巡护时间密度。

b. 航线巡护时间密度。航线巡护时间密度是沿航线巡护飞行时，空中观察员在该航线上对地面进行瞭望时间占最大巡护时间的百分比。

$$D_1 = \frac{T_1}{T_{max} \times 100\%} \tag{5-8}$$

式中　T_1——航线瞭望时间；

　　　D_1——航线巡护时间密度。

　　c. 责任区巡护时间密度。责任区巡护时间密度是巡护飞行时，空中观察员对地面某一点的瞭望时间占最大巡护时间的百分比。

$$D_a = \frac{1}{n}\sum_{i=1}^{n} D_i \tag{5-9}$$

式中　D_i——第 i 条航线的航线巡护时间密度；

　　　D_a——责任区巡护时间密度。

　　（7）空中巡护作业类型

　　①航线巡护。航线巡护是在出现Ⅲ级以上的火险天气，沿事先编制的航线飞行的日常巡护。一天中，巡护时间一般安排在11：00～18：00。

　　②雷击火巡护。在干旱的天气条件下，如有雷暴发生，需要在雷暴发生后的地区，沿流域系统或山脉进行巡护，以便发现雷击火，巡航高度为500～1000m。如果夜间发生雷击，次日清晨，需安排一次快速飞行，飞行高度1500～2000m。

　　③特殊巡护。这类飞行是用来完成一项专门任务，如观察了解火情。

　　（8）空中观测技术

　　◆ **掌握飞机位置的方法**

　　①正对地图。为了便于通过地图辨认地标，掌握飞机位置，必须使飞机所在区域的地图与地面的东西南北方向相吻合，这样地图上描绘的地形地物和实际的地形地物的方向就一致。

　　对正地图的方法为按航线对正地图。沿航线飞行时，把地图上的航线去向对正机头；按罗盘对正地图。在改航或绕航飞行时，首先从磁罗盘读取航向，然后目测出飞机所在区域地图的航向，把它对准机头；按线状地标对正地图。在飞行中发现明显的河流、铁路、公路等线状地标时，在地图上找出该地标，转动地图，使图上的线状地标和地面的线状地标平行一致。在实际飞行中，以上3种方法综合使用。

　　②辨认地标，确定飞行位置。对正地图后，将地图与地面仔细对照，"远看山头，近看河流，城镇道路，胸中有数"，利用较远或明显的地标来引伸辨认出较近或不明显的地标，并反复对照、分析判定飞机与地标的关系位置。当飞机到达已辨认的地标侧方的瞬间，同时目测出飞机偏离地标的距离，记下时刻，这一点就是飞机在该时刻的位置。

◆ **观察判断森林火灾的方法**

①火灾迹象。在飞行监测中，发现如下迹象，可能有火，应认真观察。无风天气，发现地面冲起很高一片烟雾；有风天气，发现远处有一条斜带状的烟雾；无云天气，出现一片白云横挂空中，而下部有烟雾连接地面；风较大，但能见度尚好的天气，突然发现霾层；干燥天气，突然发现蘑菇云。

②判明林火还是烧荒的方法。发现以上火灾迹象后，要从烟的发生位置判明林火还是烧荒。林火是在森林里发生的火灾，而烧荒绝大部分是在距林区较远的居民点附近或林区边缘的新开发点。在能见度较差的情况下，在林缘发现的烟，应当特别注意，没有把握时，要飞到烟的附近去观察，以免判断失误，造成损失。

◆ **确定火场要素的方法**

①确定火场位置。在飞行监测中发现森林火情时，立即确定飞机位置，改航飞向火场。同时按罗盘对正地图对照地面，边飞边向前观察和搜索辨认地标，随时掌握飞机位置，当飞机到达火场上空或侧方时，根据火场与地标的相对关系，定出火场位置。通常用经纬度表示。

②测算火场面积。测算火场面积通常采用地图勾绘法和目测法。

a. 地图勾绘法。根据火场边缘和火场周围的地标位置关系，将火区勾绘在图上(如采取等分河流、等分山坡线的方法，在图上利用等高线确定火场边缘)，再用方格计算纸按比例求出实际面积。

b. 目测法。在测算小面积火场时，将火烧迹地的形状与某种几何图形比较，参考地图，目测出所需距离，按求积公式算出面积。此法主要靠实践经验。

③判定火场风向风力。在判定火场风向时，主要观测烟飘移的方向。如向东飘移说明是西风，向南飘移说明是北风；其次，根据火场附近的河流、湖泊的水纹来测定。判定风力时，主要观测烟柱的倾斜度，如果烟柱的倾斜线与垂直线的夹角是11°，那么火场风是2级；如果是22°，火场风是3级；如果是33°，火场风是4级，以此类推。

(9)"3S"技术在航空护林中应用

①"3S"技术在航空护林固定巡护航线规划的应用。目前，固定巡护航线的规划一般是参照过去的火灾发生情况和一些明显的地标(如铁路、公路沿线等)结合作为重点，在地图上人为画出覆盖整个巡护区的多条航线，这种规划航线的方法盲目性较大。而根据卫星监测提供的林火信息，如地面的植被信

息，宏观的森林资源情况，结合所提取地理信息，通过对卫星热点进行分析，为日常森林防火及航空护林提供气象、地理信息，航空护林部门参考利用这些信息更合理规划飞机巡护航线，对高火险区进行重点监测，减少了航护飞行的盲目性。

②"3S"技术在航空护林巡护飞行中的应用。"3S"技术在航空护林巡护飞行中的应用一是导航，二是快速定位，三是火场面积估算，四是信息传输。根据卫星林火监测提供的热点(hot spot)位置，巡护飞机利用GPS导航可以迅速飞到热点上空，通过观察，判断是否为林火。在巡护飞行中，一旦发现火情，飞行观察员首先利用GPS定位仪快速确定林火位置所在经纬度，而后指令飞机沿火场边缘飞行，利用GPS定位仪可以估算出火场面积，同时利用信息采集系统(相当于RS)及以GPRS技术即通用分组无线业务(*General Packet Radio Service*)为核心的无线宽带网络传输技术，把采集到的火场信息传送基地，基地接收到信息经计算机GIS分析处理后，在计算机屏幕上显示出火场的动态变化，为制定扑火战术方案提供第一手参考资料。

应用"3S"技术巡护飞行，在处理火场具有以下特点。

a. 火场信息的采集快，利用GPS、RS能快速采集到火场基本信息。

b. 火场信息向基地传输的速度快，飞机上的观察员到火场的同时，地面接收显示系统就可以看到。

c. 传输的信息量大。观察员肉眼所看到的火场情况都可以通过采集系统和无线宽带网络传输技术传送到基地。利用3S技术处理监测火场，可使地面扑火指挥部门及时、准确、真实地掌握火场情况。

5.1.2.2 无人机技术在航空摄影测量林火监测中的应用

近年来随着无人机技术的快速发展，森林防火越来越多考虑采用基于无人机平台的防火方案。

(1)常规无人机森林防火的优势

常规无人机森林防火系统一般会为无人机配置高分辨率摄像头、红外热成像仪等光学设备对森林进行监控，并采用GPS为无人机和救援人员进行导航。相比传统的森林防火方案，无人机防火方案具有许多显著的优点。

①事前监控。通过对无人机进行预设航线，利用无人机系统进行森林日常巡视，达到森林防火的最佳事前监控。与传统方案相比无人机具有不受地形地貌影响，视野宽广不存在死角，投入成本低，工作效率高的优势。

②事中控制。通过无人机系统搭载红外和可见光摄像机，将火点、热点

显示在地面站的数字地图上，进行精确的火点定位，为地面消防部门第一时间提供火场 GPS 坐标。无人机森林防火方案具有：受命于任何时候，不挑起降气象及起降场地，启动迅速，快速定位起火点，及时把握森林灭火有效时机，没有人员安全的风险，灭火作战效率高，防止救火人员的伤亡，简便操作，易于维护，成本低，可以执行夜航任务，低能见度飞行条件下（如浓烟）执行任务等优势。

③事后控制。通过设定无人机飞行航线，对重点区域进行监控防止余火复燃，事后定损，通过将航拍成果数据进行后期处理可以更为准确地核定灾害损失。无人机森林防火方案具有：勘察效率高、人为因素导致的定损结果误差降低等优点。

（2）常规无人机森林防火方案的局限性

①常规的用于森林防火的无人机一般都只搭载高清数字摄像头和红外成像等光学类设备，这些设备的工作距离短，难以穿透雾、烟、尘埃、茂密的森林等，因此很难发现远处的火点以及隐藏在茂密的树林里的小型火点，只有等到靠近了火点并且火势足够大，无人机才能发现火点，而森林防火的关键在于必须尽量早地发现处于萌芽状态的火点，并将火灾扼杀在萌芽状态，以减轻火灾带来的损失。由此可见，常规无人机森林防火的主动性不强，不能抢占灭火时机，控制火势。

②在茂密的森林里，GPS 导航信号可能会受到森林的阻挡而无法在森林里面有效地传输，救援人员无法利用 GPS 进行导航，这可能导致火灾救援人员无法快速、准确的到达火灾事故现场。

③由于常规无人机防火系统没有专用的测高装置，无人机不能飞得太低，以免无人机与地面物体相撞造成无人机坠毁，然而，无人机飞得过高，会降低遥感设备的灵敏度，不利于及时发现可能存在的火险。

（3）新型无人机森林防火巡逻与救援方案

为了解决常规无人机防火系统遇到的上述问题，提高无人机快速、准确地发现火险的能力，增强无人机防火的主动性，并为救援人员提供更加可靠地导航信号，我们在常规无人机防火方案的基础上加以改进，提出了新型无人机森林防火巡逻与救援方案。新型无人机森林防火巡逻与救援方案在节约成本、可靠性、可维护性、实用性、可操控性等方面边境巡逻无人机系统应满足：

①执行有效的监测和侦察任务。

②白天和夜间均可行动。

③工作在广泛的天气条件下。

④完成各种高空作业。

⑤可进行超视距操作。

⑥实时操控。

⑦多任务能力。

⑧超强的鲁棒性。

⑨强大的抗干扰性能。

⑩高带宽的传输性能。

5.1.2.3　高分辨率航片在航空摄影测量林火监测中的应用

用森林火灾实时航空照片(影像)进行火灾行为状况的测量是项准确及时、非常有前途的方法,过去由于图像处理及建立数字地面模型的研究及计算手段落后等方面的原因,由飞机拍摄到的火灾现场照片大多只是用于火场的粗略估计及新闻报道,没有充分使用照片中所包含的全部珍贵信息。由于航空摄影测量的广泛开展,全国所有林区几乎都已进行过航空摄影测量,以及由地形图自动重建数字地面模型技术的进步,利用单片航空照片结合当地数字地面模型,精确、实时测量森林火灾火场特征参数(如林火蔓延速度、火焰高度、火场面积、火场周围边界长、灾区范围内任一点的坡度坡向等)的条件已经成熟,由现场火灾得来的实测数据进行林火蔓延模型的修正,能较好地克服室内实验模型所存在的代表性误差,同时由此提供的真实火场情况对于合理组织扑火力量,科学扑救具有重大的意义。

5.1.2.4　航空监测林火新技术

(1)空中红外监测

这是一种把红外扫描仪安装在飞机上,利用红外传感器接收林火信息的一种空中监测林火的方法,亦称机载红外林火监视。这种研究始于19世纪60年代,美国米苏拉北方火灾实验室率先研制出机载红外监测仪,并用来监测火情。据统计,美国每年有一半的火情是空中红外监测发现的,效果很好。到20世纪70年代,他们又研制出2种新的红外监测仪;高能象空中红外扫描器、低能象空中火灾定位器。通过传真照片把红外照片从飞机上通过遥测发射器送到地面防火部门。美国由于发展了这一技术,原有的防火瞭望台减少了6/7。

加拿大也在19世纪60年代开始红外监测林火野外实验,并于1964年通过效果鉴定，投入林区使用。目前，加拿大各主要林区空中红外林火监测与地面红外林火监测连成网络，成为各主要林区林火监测的重要组成部分。其机载红外监测仪主要是用 AGA750 型红外线扫描仪，主要任务是测定被浓烟覆盖的大火场或地下火的火场边界。该仪器是一种组合系统，由手提摄影机式检测器和一个分体的信号传递及显示装置两大部分组成。黑白显像，液氮致冷。监测的飞行高度距树梢 50~100 英尺*。

最近加拿大、法国等采用新的 AGA70 热视仪安装在直升飞机上监测小火与隐火，当地面火场定位后，即可在照片上打上记号，空投给地面人员。

◆ **空中红外探火原理**

①双光谱。A 通道(3~5 μm)；B 通道(8~14 μm)。

②红外探测系统的构成。

③探测器。锑化铟(3~5 μm)、锗掺汞(8~14 μm)、碲镉汞(2.7~4.6 μm)、锑镉汞(8~12.2 μm)。

④扫描方式。角度 120°，扫描速度 200 次/s，温度分辨率为 0.5~2.0℃。

◆ **应用**

发现火灾、火灾定位、火灾面积和动态监测。

(2)微波监测

将微波辐射接收仪安装在飞机上，根据接收到的微波强度和波长来确定林火的存在、火场大小及林火定位的一种新的监测方法。例如，芬兰赫尔辛基的专家们研制成一种新型森林雷达，这种安装在直升飞机上的雷达设备发射微波，可以穿透森林的各个层次，收集到树木顶端到地面的各种数据。根据这些数据，可以识别森林种类，估计树木的数量，测出树木的高度及森林遭受污染的程度，还可利用微波辐射扫描仪发现林火，拍摄火场，计算火灾面积等。

◆ **基本原理**

①波长 1~600mm。

②微波辐射强度，辐射亮度温度 $T(\lambda) = X(\lambda) \cdot T$。

③着火使 $T(\lambda)$ 升高。

◆ **应用**

①微波辐射计。

---

* 1 英尺 = 0.3048 米。

②解像力与波长成反比，与天线直径成正比。

③两种工作状态。

5.1.3 地面巡护林火防控

5.1.3.1 地面巡护概述

地面巡护是由护林员、森林部队、公安干警和民兵护林小组等专业人员在各自分管的责任林区内，按照不同的火险等级，按职责对森林进行不同时间、不同密度的巡视，检查监督防火制度的实施，控制人为火源，发现火情，并采取扑救措施的林火探测方式，观察的方式通常有步行、骑马、摩托车、汽车、水上巡逻艇等。在重点林区一般用于居民点附近地区，配合瞭望台进行全面监测。在一般林区是主要林火监测方式。

雪地巡护

图5-10 地面巡护方式

（1）建立巡护责任区

根据林区内自然地貌和不同森林火险等级，并根据林区现有人员的数量和林火处置能力，将整个林区进行责任制划分，分区到人，并设置保护点、哨卡以及瞭望台等辅助设施，使之形成对整个林区全天候、全方位、无死角监控管理。

（2）组织形式

定期召开全区工作会议，加强林业巡护人员危险意识。认真开展组织巡护工作，采取设定固定巡护线路，临时巡护线路，哨所和暗哨等形式定期、定时对各线路进行巡护、检查，一旦发生火险保证快速做出响应，从而形成了较完备的管护体系，层层建立了责任制（图 5-10）。巡护人员主要包括护林员、森林警察、公安和专业巡逻队（陆地和水上）。

（3）任务

①严格控制火源，消除火灾隐患。a. 严格控制非法火源入山；b. 检查监督来往行人是否遵守防火法令；c. 检查野外生产和生活用火情况；d. 严防人为的纵火破坏（图 5-11）。

②配合瞭望台全面监护，增加巡护密度，深入死角，弥补瞭望台的不足。

③发现火情，及时报告，积极扑救。

④做好宣传教育工作，增强群众防火意识，签订防火公约，建立联防制度。

⑤完成好上级交给的其他任务。

图 5-11　森警在林区开展森林防火宣传

（4）巡逻路线

①巡逻路线的确定原则是要尽量通过高火险、火源出现较多的地段。

②巡护要随着火险级的增高而增加数量。巡护时间以 3~4h 为宜。

（5）不足

中华人民共和国成立以来，我国一直采用地面巡护的监测方法，这一方法在控制林火中发挥了重要作用。它的不足是巡护面积小、视野狭窄、确定着火位置时，常因山势崎岖、森林茂密而出现较大误差；在交通不便、人烟稀少的偏远山区，无法进行地面巡护，只能用其他方法弥补。

5.1.3.2　瞭望台定点监测

　　瞭望台定点探测火情是利用瞭望台登高望远来观测火情、确定火场位置的林火探测手段，是我国广大林区普遍采用的方法。

　　(1) 瞭望的特点

　　①瞭望台监测的优点。经济实用，视野较宽，覆盖面较大，探测火情及时、准确、全天候作业等优点，若干个瞭望台组成网络，可以消除盲区，准确测定火场的位置，效果较好(图 5-12)。

　　②瞭望台监测的不足。无生活条件的偏远林区不能设瞭望台；它的观察效果受地形的限制，一些特殊的山地常形成死角，观察不到；对烟雾太大的较大面积的火场和火场余火、地下火无法观察。

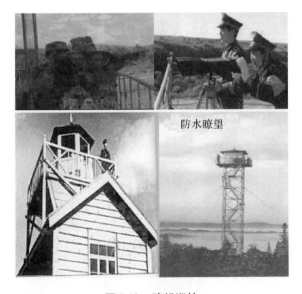

防水瞭望

图 5-12　瞭望巡护

　　(2) 瞭望台建设

　　◆ 规划设计

　　①选定。分布密度确定；台址选定；结构和种类。

　　②总的原则。增大观测的覆盖面，减少盲区。

◆ **设备**

设备包括瞭望、报警、扑火、观测和生活等。

◆ **瞭望员的配备和条件**

人员为 3~4 人；身体健康；有较强的工作能力。

（3）瞭望的任务

①对执勤区域进行观察、监控。

②发现火情准确测定方位，及时向上级报告。

③对发生的火情实施监控，适时向上级报告方位和发展趋势。

④监视野外生产生活用火和过往车辆，发现可疑情况及时报告。

⑤完成上级交给的其他任务。

（4）瞭望台种类和设备

①按使用时间可分为常年性、季节性和临时瞭望台 3 种；按结构材质可分为砖石水泥、金属和木质瞭望台 3 种。

②设备分类。观测设备、定位设备、通讯设备、扑火设备和生活设备等。

（5）瞭望台设置原则

火灾经常出现、火险等级高的地点，位于制高点，且要离居民点和林场较近的位置，便于生活。

（6）瞭望技术和要求

◆ **熟悉观测区情况**

首先在台上观察并熟悉本台瞭望区，对照地形图找出主要界标和明显地物标的位置并记住其名称和特征，包括瞭望区地形地物、水系情况、交通情况以及无人区。

◆ **观察**

瞭望员观察，主要是用肉眼进行的，望远镜只是一种辅助工具（借助望远镜，瞭望台观察半径为 20~30km），用来复查可疑情况。瞭望技术（与往常不同的现象）可利用环视、扇形扫视、重点观察的方法进行观察，具体观察的步骤方法如下。

①先看大面，后看小面；由远而近，分片观察。

②观察时，要有重点区域，每个瞭望区都要根据已掌握的情况，划分为重点和一般瞭望观察区。

③有烟看烟，无烟看人。

④对闪电要连续观察。

⑤能见度低时要留心观察。

发现火情的方法，烟雾柱是发现火情出现的标志，火情观察就是看有无烟雾柱的出现，一般小火的不易发现，在观察时应格外注意。

多年以来，我国各地有经验的瞭望员都积累了一些目测的经验和方法，用以判定火灾发生的地点和方向、距离等。如晴天看见烟移动，起火点很近；烟不动则起火点较远。利用观察到的烟的颜色可以初步判定林火种类，如烟色浅灰或发白是地表火；烟色黑或较暗是树冠火；烟色稍稍发黑可能是地下火。根据一些地方的经验：一般生产用火，烟色淡；森林大火烟色浓。天气久晴，烟色淡；久雨初晴，烟色浓。不同树种火的颜色不同，如松林起火一般烟色浓黄；杉木林起火烟灰黑；灌木林起火烟色深黄；茅草起火烟色淡灰。已扑灭的山火和未扑灭的山火，烟的表现状态也不同，未扑灭的山火，烟向上冲；已扑灭明火的火场，余烟向下，保持相对稳定状态。

东北地区，白天烟白色断续为弱火，黑色加白色为一般火势，黄色很浓为强火，红色很浓为猛火。黑烟升起风大为上山火，白烟升起为下山火。烟团升起不浮动为远距离，20km 以上，顶部浮动为中距离，15～20km，下部浮动为近距离火，10～15km，烟团一股股浮动为 5km 以内。

◆ **烟与其他自然现象的区别**

山区的几种主要自然现象和烟雾的区别(图 5-13)：

发现火情后，准确测定其方位，估测距离、种类，进而确定林火发生的地理位置，是瞭望员工作的一个重要内容。

◆ **林火定位的方法**

①林火定位仪法(单台定位)。

②瞭望台全景照片(单台定位)。

③交叉定位法(多台定位)。

◆ **根据烟雾判断林火的距离和种类**

云　　雾

烟　　霾

图 5-13　与林火有关的常见自然现象

①估测火场距离。火场距离可根据烟、火光等估测。天气晴朗静风时，烟升高不浮动为远距离，在 20km 以上；烟升高顶部浮动为中距离，在 15～20km 之间；烟根部浮动为近距离，在 10～15km；烟向上一股一股翻动为最近距离，一般在 5km 以内。背着太阳能观察到 25km 的烟柱，对着太阳能看到 8～10km 的烟柱。在夜晚，能看见火光上有烟为近距离，能看见光而看不见烟，距离远。还可根据烟柱与地平面的夹角(倾斜度)判断火场的风向、风力、风速。烟柱与地平面夹角越大，风力越小。反之，风力越大。

②判断林火的种类。烟色浅灰或发白是地表火，烟色黑或较暗是树冠火。一般生产用火，烟色淡，森林火灾烟色浓。未扑灭的山火，火烟向上冲，扑灭的山火，余烟向下，保持相对静止状态。此外还可以根据烟柱特征判断上山火、草塘火、下山火、强火、弱火等。

③判断林火能量。低能量火；高能量火。

(7)林火观测后的报告

瞭望员发现林火后，要直接向上级或规定的森林防火指挥部门汇报，通常有 2 种形式，即初报和续报。

◆ **向防火指挥部报告的内容**

①瞭望台名称，瞭望员姓名。

②发现火情的时间。

③火情的位置。

④估测火灾的种类。

⑤火场大小。

⑥烟雾的特点。

⑦天气条件。

⑧其他情况。

◆ **初报和续报**

①初报。就是发现林火后，把从定位仪方位刻度盘上观测到的火场方位、距离和基本数据向指定的部门进行第一次报警。

②续报。又称补报，就是初报后，对林火继续观察判断，把观测到的林火行为和发展情况随时向上级报告。

5.1.3.3 地面监测林火新技术

（1）地面红外监测

地面红外监测通常是把红外线监测器放置在瞭望台制高点上，向四周监测，来确定林火发生位置。这种监测方法能够大大减轻瞭望员的工作强度，不仅能及时准确地发现林火、火灾分布和蔓延速度，还能配合自动摄像机拍下火场实像。意大利研制出的一种森林火灾红外线监测器，能感知 $120km^2$ 范围内因火灾引起的温度变化，发出火灾警报。利用这些设备，美国、加拿大、德国和西班牙等一些国家，设置了无人瞭望台，使这些瞭望台与指挥中心的计算机终端连接，随时把监测到的火情传输到指挥中心，德国的林火监测塔已被自动监测系统所取代。

红外监测装置不仅可以被安装在瞭望台上监测火情，还可以用于监测余火。如在加拿大，防火部门利用红外线扫描设备监测林火已基本上得到普及。它们使用的地面红外线探火仪主要是手提式 AGA110 型，用于探寻火烧迹地边缘的隐火或地下火的火场边界。该仪器由检波器和显示器组成，体积小，重量轻，携带方便，每充电一次可用2h，能监测 $10hm^2$ 或 1.6km 长的火场边界线。扫描作业通常由 2 人进行，1 人扫描，1 人清理监测到的余火。近几年，俄罗斯研制出"泰加"火源监测器，能发现肉眼看不见的火源；英国一家公司最近也研制成一种电池火苗监测器，如果火场中还有未被消灭的着火点，它在的屏幕上就会显示出白色的光点。

（2）地面电视监测

电视探火仪是利用超低度摄像技术，监测林火位置的一种专用仪器。这种仪器有专用的电视摄像机，可水平旋转 360°，仰俯角度约为 60°，一般安装在林区的各个瞭望台或制高点上，对四周景物进行不间断的拍摄，并通过有线或无线的方式，与地面监控中心联网，随时可以把拍摄到的火情传递到监控中心的电视屏上。林火监测人员在地面监测中心，根据电视屏幕上拍摄到的情况做出有无火情的判断。这种方法，早在 20 世纪 60 年代，欧洲有些国家就开始应用。近年来，波兰林区已经全部使用闭路电视观察火情，俄罗斯也在大力发展这一技术，其监测水平达到在半径小于 10km 范围，从林冠到地面的森林，在 2min 内就可完成详细的检查。电视探火的无线图像监控系统，目前在我国部分林区已经得到了应用。

（3）地波雷达监测

地波雷达监测林火是利用可燃物燃烧产生的火焰的电离特性，用高频地波雷达监测林火的新方法。这种方法具有：超视距性能、监测面积大（监测半径可达150km）；昼夜全区域监测；在有烟雾的情况下能准确进行火焰定位，可设置在瞭望台或飞机上，进行全天候监测。

电视和地波雷达探火这两种技术，在扑救森林火灾时，目前存在2个问题：一是很难做到及时发现小火，一般发现的小火面积通常已达1hm^{2}以上，耽误了扑救的最佳时机，不易做到"打早"；二是对已成灾的火场面积无法判明。

（4）雷击火的监测

美国、加拿大等国雷击火危害很大，过去曾使用过雷达监测雷暴云，但很难确定其是否放电。20世纪70年代美国和加拿大先后利用雷电监测系统进行雷击火监测，取得了较好的效果，其中美国的西部地区和阿拉斯加地区，以及加拿大安大略省的主要林区、西北地区、魁北克省和大西洋沿岸诸省都已建立起了比较完善的雷电监测网络。近年来设计了一种新的监测系统，能在100 km半径内监测云对地的放电。加拿大有一种监测仪，能测定半径300 km内的闪电次数、强度和方向。

雷电监测系统的主要作用并不在于直接监测雷击火的发生位置，而是通过确定雷电的位置和触及地面的次数，来做为火险天气的预测、火灾发生的预测以及帮助林火管理人员在制定防火扑火方案和制定航空巡护航线时的重要气象依据。该系统主要由3个部分组成：雷定位仪、雷电位置接收分析机、雷电位置显示器。

雷电监测系统的工作程序是，先由各野外无人雷电定位仪站将接收到的雷电信号，输送到终端雷电位置接收分析机，然后再由雷电位置显示器显示在荧光屏上。雷电位置显示器的荧光屏上显示着地理区划图。一旦有雷击发生，在地理区划图的相应位置上便闪现出一个"＋"字亮点。每隔2h，所显示的"＋"字亮点变换一种颜色，以表示雷击所发生的时间历史。这样，工作人员就可以由显示屏上所获得的2h、4h、6h至24h的雷击分布图。再结合所掌握的森林可燃物干燥条件和24h的降水量来预测预报雷击火可能发生的次数和位置，从而采取切实可行的防火措施。

5.2　林火精准观测

对林火行为相关参数的精准观测能够为扑火人员选择最佳扑火方式和调配扑火力量提供可靠依据。林火行为的主要指标包括火线蔓延速度、火焰长度、火线区温度、火场形状、周长和面积等参数。利用经纬仪、全站仪和当今测绘前沿仪器电子测树枪等精密仪器可以对林火进行精准观测。

5.2.1　火线蔓延速度的观测

在本章中，林火蔓延参数的获得主要由地面监测完成。

（1）经纬仪观测

角度前方交会是测绘领域测定未知点坐标的常用方法，根据其原理利用经纬仪可以求出待定点的坐标，定位原理示意图如图 5-14 所示，其中 A、B 为坐标已知的控制点，P 为待定点。在 A、B 点上安置经纬仪，观测水平角 α、β，根据 A、B 两点的已知坐标和 α、β 角，通过计算可得出 P 点的坐标。

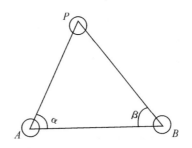

图 5-14　经纬仪前方交会法原理示意

火头的蔓延速度及火场的长度的测量原理如图 5-15 所示。图中 MN 表示火场风的方向，将电子经纬仪固定在垂直于风向的任意一侧，利用 A、B 两点的已知坐标，测量在任一时刻 t_1 在火头方向上火头的坐标 P。测量坐标 P 的步骤如下：

①计算待定边 AP、BP 的边长 D_{AP} 和 D_{BP}，按三角形正弦定理得：

$$D_{AP} = \frac{D_{AB}\sin\beta}{\sin(\alpha+\beta)} \qquad (5-10)$$

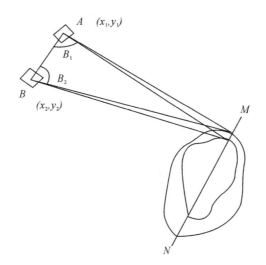

图 5-15 火头及火场长度的测量

$$D_{BP} = \frac{D_{AB}\sin\alpha}{\sin(\alpha+\beta)}$$

②计算待定边 AP、BP 的坐标方位角

$$\alpha_{AP} = \alpha_{AB} - \alpha$$

$$\alpha_{BP} = \alpha_{BA} + \beta = \alpha_{AB} \pm 180° + \beta \tag{5-11}$$

③计算待定点 P 的坐标

$$X_p = X_A + \frac{D_{AB}\sin\beta\cos(\alpha_{AB}-\alpha)}{\sin(\alpha+\beta)} = \frac{X_{AB}\cot\alpha + X_A\cot\beta + (Y_B - Y_A)}{\cot\alpha + \cot\beta} \tag{5-12}$$

$$Y_P = \frac{Y_B\cot\alpha + Y_A\cot\beta - (X_B + X_A)}{\cot\alpha + \cot\beta}$$

在时刻 t_2 时，再次测量火头 p' 的坐标。则可用两点间的距离公式得到时间 p 到 p' 间的距离为 L。

$$L = \sqrt{(X_p + X_{pr})^2 + (Y_p + Y_{pr})^2} \tag{5-13}$$

于是在时间 $\Delta t(t_2 - t_1)$ 内火头的线速度 v 如下式：

$$v = L/\Delta t \tag{5-14}$$

（2）全站仪观测

◆ **测算火点坐标**

在林火参数测量中，大多情况不适合放置反射棱镜，为了解决这个难题，免棱镜全站仪应运而生，即不需要照准反射棱镜、反射片等专用反射工具即可测距的全站仪。免棱镜全站仪适用于在不宜放置反射棱镜或反射片的地方的测距。免棱镜全站仪基于相位法原理，发出极为窄小的工业激光束，无需棱镜直接打至目标，利用目标物的漫反射返回信号，即可测量出该火点的三维坐标、角度、距离等空间几何要素。

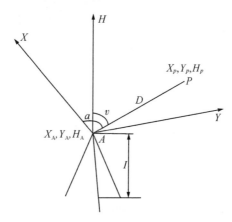

图 5-16   全站仪量测 P 点坐标示意

如图 5-16 所示，在 A 点架设全站仪观测火点 P，通过测得 D、V、β，则树木的三维坐标计算公式如下：

$$\begin{cases} X_p = X_A + D\sin V\cos A \\ Y_p = Y_A + D\sin V\sin A \\ H_p = H_A + D\cos V + I \end{cases}$$
(5-15)

式中 X_P、Y_P、H_P——观测点 P 的三维坐标；

X_A、Y_A、H_A——安置仪器点 A 的三维坐标；

D——A，P 两点之间的斜距；

V——天顶距；

α_0——起始方向方位角；

β——水平角；

I——仪器高。

◆ **测算火线蔓延速度**

将全站仪固定在垂直于风向的任意一侧，在 t_1 时刻测定某火点 P_1 的坐标

X_{P1}、Y_{P1}、Z_{P1}，在 t_2 时刻再次测定该火点蔓延至位置 P_2 的坐标 X_{P2}、Y_{P2}、Z_{P2}。则可用两点间的距离公式得到时间 P_1 到 P_2 间的距离 L：

$$L = \sqrt{(X_p - X_{pr})^2 + (Y_p - Y_{pr})^2 + (Z_p - Z_{pr})^2} \tag{5-16}$$

于是在时间 $\Delta t (t_2 - t_1)$ 内火头的线速度 v 为：

$$v = L / \Delta t \tag{5-17}$$

（3）电子测树枪观测

针对目前我国森林火灾频发的现象，现有火灾观测设备及技术存在费用高、效率低、不精确等特点，对此提出利用北京林业大学测绘与 3S 技术中心研发的手持式数字多功能测树枪对森林火灾进行实时测定，并利用得到的数据推算林火各项研究要素的方法。

◆ **仪器的安置**

在着火点附近较为开阔地点建立观测站 A，利用差分 GPS 观测该点坐标 O，并在其较近地点建立观测站 B（安置方法如图 5-17 所示）。

◆ **观测原理及方法**

在 A 点架站，利用测树枪对 B 点进行观测，获取 A 和 B 两点间的夹角以及距离 S_{AB}，方位角 φ_{AB}。如图 5-17 所示，那么可以计算得到 B 点坐标，设为 $(X_B,\ Y_B,\ Z_B)$。

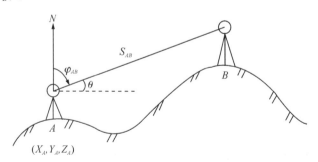

图 5-17　电子测树枪安置方法

获取 A 和 B 两点坐标后，在 A 点利用测树枪对着火点 C_1 进行观测，由于对火焰最高点无法准确测定，只观测记录 A 点到 C_1 的方位角 φ_{AC_1}，同时获取 AC_1 和 AB 之间的夹角；同理，从 B 点架站，对 C_1 点进行观测，获取方位角 φ_{BC_1} 以及 BC_1 和 BA 之间的夹角 β，如图 5-18 所示。

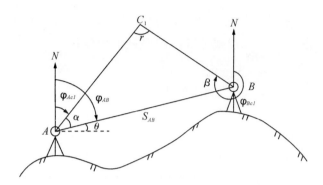

图 5-18　测树枪前方交会

◆ 林火要素推算

①图 5-18，根据 A 点坐标以及 S_{AB} 和 θ，可以获取 B 点坐标，其计算公式为：

$$\begin{cases} X_B = S_{AB} \cdot \cos\theta + X_A \\ Y_B = S_{AB} \cdot \sin\theta + Y_A \\ Z_B = S_{AB} \cdot \cos\varphi_{AB} + Z_A \end{cases} \tag{5-18}$$

②图 5-18 中标注已知信息，将其投影在 $O-YZ$ 平面上（图 5-19），假设 A_{C_1} 与 B_{C_1} 之间的夹角为 γ，那么 $\gamma = 180° - (\alpha + \beta)$

由：

$$\frac{S_{AB}}{\sin\gamma} = \frac{AC_1}{\sin\beta} = \frac{BC_1}{\sin\alpha}$$

$$AC_1 = \frac{S_{AB} \cdot \sin\beta}{\sin(\alpha + \beta)}$$

那么：

$$Z_{C_1} = \frac{S_{AB} \cdot \sin\beta \cdot \sin\alpha}{\sin(\alpha + \beta)} + Z_A \tag{5-19}$$

③将图 5-19 投影到 $O-XY$ 平面内，由前方交会原理，推算得到

$$\begin{cases} X_{C_1} = \dfrac{X_A + \tan\alpha + X_B \cdot \tan\beta - (Y_B - Y_A) \cdot \tan\alpha \cdot \tan\beta}{\tan\alpha + \tan\beta} \\ Y_{C_1} = \dfrac{Y_A + \tan\alpha + X_B \cdot \tan\beta - (X_B - X_A) \cdot \tan\alpha \cdot \tan\beta}{\tan\alpha + \tan\beta} \end{cases} \tag{5-20}$$

那么，综合以上①－③所有，可以得到着火点 C_1 的三维坐标为：

$$\begin{cases} X_{C_1} = \dfrac{X_A + \tan\alpha + X_B \cdot \tan\beta - (Y_B - Y_A) \cdot \tan\alpha \cdot \tan\beta}{\tan\alpha + \tan\beta} \\[3mm] Y_{C_1} = \dfrac{Y_A + \tan\alpha + X_B \cdot \tan\beta - (X_B - X_A) \cdot \tan\alpha \cdot \tan\beta}{\tan\alpha + \tan\beta} \\[3mm] Z_{C_1} = \dfrac{S_{AB} \cdot \sin\beta \cdot \sin\alpha}{\sin(\alpha + \beta)} + Z_A \end{cases} \quad (5\text{-}21)$$

在经过 T 时间后，林火发生蔓延，且到 C_2 点，按照上述同样的方法，可以得到 C_2 点的坐标。

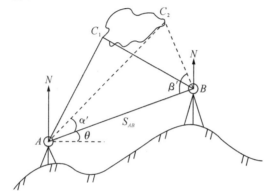

图 5-19　林火发生蔓延测量

$$\begin{cases} X_{C_2} = \dfrac{X_A + \tan\alpha' + X_B \cdot \tan\beta' - (Y_B - Y_A) \cdot \tan\alpha' \cdot \tan\beta'}{\tan\alpha' + \tan\beta'} \\[3mm] Y_{C_2} = \dfrac{Y_A + \tan\alpha' + X_B \cdot \tan\beta' - (X_B - X_A) \cdot \tan\alpha' \cdot \tan\beta'}{\tan\alpha' + \tan\beta'} \\[3mm] Z_{C_2} = \dfrac{S_{AB} \cdot \sin\beta' \cdot \sin\alpha'}{\sin(\alpha' + \beta)} + Z_A \end{cases} \quad (5\text{-}22)$$

在得到 C_1 和 C_2 点坐标后，可以计算两点间距离 $S_{C_1C_2}$，同时按照速度距离公式，计算林火平均蔓延速度。

$$\begin{cases} S_{C_1C_2} = \sqrt{(X_{C_2} - X_{C_1})^2 + (Y_{C_2} - Y_{C_1})^2 + (Z_{C_2} - Z_{C_1})^2} \\[3mm] V = \dfrac{S_{C_1C_2}}{T} \end{cases} \quad (5\text{-}23)$$

5.2.2　测算火焰长度

火焰长度是指火线处火的底部到连续火焰最高点的直线距离。在实际观测中，根据林火现场风向，选取有利位置，避开火的蔓延方向，立即展开火焰长度的测量。火焰长度测量使用的仪器设备有电子经纬仪、全站仪或电子测树枪。其中火焰高度的测量原理如图 5-20 所示，

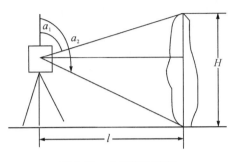

图 5-20　火焰长度测量

a_1、a_2 分别为火焰顶部和底部的天顶距；l 为仪器到火焰的水平距离。根据下列公式计算即可得到火焰长度。

5.2.3　计算火线区温度

火线区温度的掌握对于防火灭火至关重要，往往为灭火指挥者决定是否靠近火线扑火、采取何种灭火战术提供有效依据。火线区温度是指火线区域高于周围环境的平均温度，采用纷·韦格尔经验公式：

$$\Delta T = 3.9 I^{\frac{2}{3}}/h \qquad (5-24)$$

式中　ΔT——高于周围的温度（℃）；

　　　I——火线强度（kW/m）；

　　　h——距离地表的高度。

根据仪器测得的 h 值代入经验公式，可估算出火线区温度。

5.2.4　计算火场形状

一般认为初始火场的形状近似椭圆形，风速是决定椭圆形的长轴与短轴比例的重要参数。长轴与短轴计算公式如下：

$$火场长轴 = \left(1 + \frac{1}{H_b}\right) \times V_s$$

$$火场短轴 = \left(\frac{H_b + 1}{L_b + H_b}\right) \times V_s \qquad (5-25)$$

式中　H_b——顺风于逆风火蔓延速度之比；

L_b——火场长轴与短轴之比。

5.2.5 观测火场周边长和过火面积

（1）经验模型

由于受到林火观测仪器设备不足、功能少、精度差的限制，国内外过往对火场的周边长和面积等数据往往采用经验模型来估算。为扑火指挥人员选择最佳扑火方式和调配扑火力量提供简单咨询。

火场周长的计算公式：

$$L\left[\pi\frac{1}{\lambda}+\sqrt{\frac{1}{\lambda^2}+4}+\frac{1}{\lambda^2}\ln\frac{1}{\lambda}\left(2+\sqrt{\frac{1}{\lambda^2}+4}\right)\right]V_s\cdot t \tag{5-26}$$

式中 L——周长（m）；

λ——火场平均半径（m）；

V_s——林火蔓延速度（m/s）；

t——蔓延时间（min）。

火场面积的计算公式：

$$S=\left(\frac{\pi}{2}\cdot\frac{1}{\lambda^2}+\frac{4}{3}\cdot\frac{1}{\lambda}\right)(V_s\cdot t)^2 \tag{5-27}$$

式中 S——面积（m²）；

λ——火场平均半径（m）；

V_s——林火蔓延速度（m/s）；

t——蔓延时间（min）。

（2）全站仪观测

过火面积是指被火烧过的火场面积，是森林火灾最基本的描述因子。在林火管理中，过火面积是森林火灾评价的最重要的因子。采用全站仪配合电子记录手簿或带有程序功能、内存数据功能的全站仪，自动测记过火森林边界上每个特征点的直角坐标或极坐标，实时计算并显示出森林火场周边长和过火面积，测定面积的精度，在通视状态好的条件下可达每次1000hm²，测定面积精度可达1/500～1/5000，其结果易进入GIS。

如图 5-21 所示，在着火区域内能全面观察各轮廓点的 T 点安置全站仪，调出全站仪跟踪测距功能［测距精度为 $\pm(3\sim5\ \mathrm{cm})$］，采用单镜（盘左）观测各特征点的极距（平距），水平方向读数并自动记录于野外电子记录手簿，测完最后一个特征点 $(x_n,\ y_n)$ 后，野外电子记录手簿用两相邻特征点间距离公式

$$L_{i-1} = \sqrt{(X_i - X_{i-1})^2 + (Y_i - Y_{i-1})^2} \tag{5-28}$$

可求得火场周边长为：

$$L = \sum_{i=1}^{n} L_{i-1} = \sum_{i=1}^{n} \sqrt{(X_i + X_{i-1})^2 + (Y_i + Y_{i-1})^2} \tag{5-29}$$

过火面积为：

$$S = \frac{1}{2}\sum_{i=1}^{n} L_{i-1}L_i\sin\beta_i \tag{5-30}$$

一般选用 $\pm5"\pm(5+5\times10^6)\ \mathrm{mm}$ 或 $\pm10"\pm(5+5\times10^6)\ \mathrm{mm}$ 等级的电全站仪即可，其测程一般为 600 m（单镜）左右。

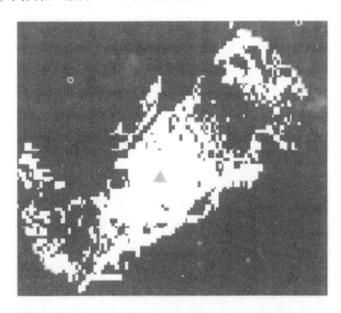

图 5-21　全站仪测定森林火场周边长和过火面积

（3）测树枪观测

与全站仪相比，电子测树枪具有明显的便携性优势，且操作更简单、灵活，测量方位角、倾角与斜距，并进行数据存储和处理，实现过火面积的自

动测定,如图 5-22 所示,具体步骤如下:

①在火场边界某一特征点(第 1 点)使用电子测树枪,瞄准在火场边界特征点 2 上竖立的观测板,测得第 1 点至第 2 点的斜距 D_1,方位角 δ_1,倾角 T_1 并进行实时存储。

②假设第 1 点的坐标为(1000,1 000),根据第一步骤全站仪所测量的斜距 D_1,方位角 δ_1,倾角 τ_1,根据数学模型

$$X_{n+1} = X_n + D_n \cdot \cos\tau_n \cdot \sin\delta_n$$
$$Y_{n+1} = Y_n + D_n \cdot \cos\tau_n \cdot \cos\delta_n \tag{5-31}$$

自动求得第 2 点的坐标(X_2,Y_2),并存储。

③电子测树枪从下一个点开始继续进行观测,不断地重复前两个步骤,依次测得土地的各个边界点的坐标,再由公式

$$L = \sum_{i=1}^{n} \sqrt{(X_{i+1} + X_i)^2 + (Y_{i+1} - Y_i)^2} \tag{5-32}$$

测算出火线周边长 L 的值。由数学模型

$$S_n = \frac{1}{2}\sum_{i=1}^{n} x_i(y_{i+1} - y_{i-1}) = \frac{1}{2}\sum_{i=1}^{n} y_i(x_{i+1} - x_{i-1}) \tag{5-33}$$

求得森林过火面积。

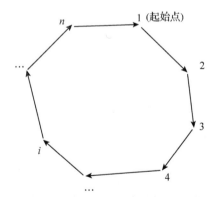

图 5-22 电子测树枪测定森林火场周边长和过火面积

5.3 森林火灾防控技术

5.3.1 瞭望塔设计

5.3.1.1 瞭望塔

瞭望塔是森林防火系统工程中重要的基础设施。瞭望塔监测是利用林区中制高点处的瞭望塔进行火情监测、火点定位、火警通报的森林火灾监测方法。瞭望塔凭借其塔高优势,具有较开阔的视野与观测半径,可以弥补地面巡视的不足。为了满足防火需要,瞭望塔的布设必须保证最大的观测面积,减少盲区,所以建塔前的规划设计就显得尤为重要。传统的瞭望塔布设主要是人工寻址,凭借现场观察的大致感觉进行塔址的确认。这种规划模式缺少科学数据的支持,难以对瞭望塔的监测覆盖率进行准确计算,进而难以对其监测效力进行科学量化的评价。尤其当建塔的数量较多时,组成了瞭望塔监测网络,其监测覆盖率的估算就更显得困难。同时瞭望塔的确定还要考虑到林区各处火灾出现的密度、人类活动情况、植被可燃物、地形地貌等诸多因素。因此,如何选址以保证最优的集群观测效果也是目前瞭望塔监测需要解决的问题(图5-23)。

图5-23 林火防控中的瞭望塔

传统瞭望塔监测以人工值守为主,塔上配置的装备主要是辅助护林员的工作,包括避雷装置、通讯设备、高倍望远镜、方位刻度仪、计时器、瞭望区域地形图、扑火工具及相应的办公、生活用品。塔上的护林员凭借肉眼或望远镜对林区进行防火扫视，其扫视的方法有全区域环视、规定方向扇形扫视、可疑区域重点观察等。随着技术的进步，现在有部分林区的瞭望塔上装备了视频监测系统，以摄像机的扫描代替了塔上护林员的扫视工作。瞭望塔处于工作状态时，塔上的护林员、视频监测系统对可视范围内的林地进行连续监视，向防火指挥中心实时通报林区情况，掌握区内可燃物状况和气候条件，监视区内生产性用火或非生产性用火、野外违章用火等。当发现火情后，要求护林员凭借经验或使用方位仪确定方位并在地图上标定火点位置。瞭望塔装备的无线通讯设备保证护林员与后方指挥部门信息联系的通畅，同时还可以作为区域内防火通讯的中继站。

5.3.1.2　瞭望塔的功能

瞭望塔为完成瞭望监测任务，主要配备望远镜、无线通讯电台、地形图以及生活必需用品。

它主要体现瞭望的监测功能，使瞭望员在观测可视范围内对林地进行不间断的瞭望，为指挥中心决策提供依据、通知功能。在辖区内，瞭望塔与邻近瞭望塔，瞭望塔与地面指挥中心的通信联络畅通无阻。火情定位功能，通过瞭望，经过专业培训上岗的瞭望员可根据监测到的火情，准确地提供火场的位置，森林资源分布及林相情况。无线通信中继功能，由于瞭望塔均建在当地海拔高的山峰上，使无线电信号覆盖整个区域。宣传警示功能，各瞭望塔耸立于各地的高峰上，人们很容易从远处就能发现它的所在，特别是入山人员会自觉地约束自己的行为，唯恐自己的用火行为或毁林行为被发现，因而起到了警示震慑作用。

5.3.1.3　瞭望塔的作用

瞭望塔的首要任务就是在第一时间发现火情，在第一时间向指挥中心报告，随时监控火势蔓延发展和变化，为在最短时间内扑灭森林火灾提供准确而详实的信息。由于瞭望员工作、生活在山上，对林内可燃物状况的气候变化引起的火险等级波动了如指掌，可随时向指挥中心提供第一手资料，为当前决策和今后一段时期的森林防火工作提供依据。另外，瞭望塔除了监测森林火灾和监测火灾隐患外，还担负着林业生产性用火、非生产性用火、野外违章用火和农事用火等威胁森林资源安全的林区用火。同时，瞭望塔对身居林区的住户监测家火也起到一定的作用，因此，有家火、山火一起防的安全哨所之称。

5.3.1.4 瞭望塔的选址原则

有利于观测，最大限度地扩大有效观察范围，减少盲区，设置森林防火瞭望塔的目的是为观察森林火情，确定火点方位，以利指挥扑救，因此，瞭望塔应建在能够观察到大面积重点林区的地方，四周应没有妨碍观察的山峰或其他障碍物。

以整个林区为单位，统筹安排，区域成网，每个瞭望塔有一定的观察范围，不可能无限地扩大，受人的视力和望远镜倍数的限制，一般瞭望塔的最大观察半径不超过20km，最大观察范围不超过1256km^2，超过20km，则看不见。在此范围内，由于地形的限制，必然还有一定的盲区。在面积超过10×10^4hm^{2}的较大的林区，需要建立两个以上的瞭望塔，组成瞭望网。多台联网，应打破行政区化和森林经营单位界线，通过协商，统一规划，统筹安排，合理布局，使台与台之间，相互弥补对方的盲区，充分发挥观察效果，避免因各自为政建台过密造成浪费。

在一个瞭望网内，任意3个相邻的瞭望塔不要建在同一条直线上，三座台的连线应构成一个三角形，而且三角形最大的一个内角应不大于120°。适当考虑方便生活，瞭望塔在优先满足观察要求的前提下，尽量靠近水源，有较好的交通条件，以方便瞭望员的生活供应。

通常情况下瞭望塔选址的具体做法有以下几点。

①在地形图上以预选台址为圆心，最大观察距离半径画一个圆，此圆则为观察范围。

②以预选台址为端点，向各个观察方向垂直于等高线画出观察射线。

③按观察射线的多少，准备若干张坐标纸，以纵坐标代表高程，横坐标代表距离。

④以在地形图上所作观察射线与等高线的交点距预选台址的距离为横坐标，该交点高程为纵坐标，标在坐标纸上。每条观察射线标一幅图，用曲线连接各坐标点，则绘成了该条观察射线的地形断面图。

⑤在断面图上，从预选台址的坐标点向各制高点引直线，此直线代表观察视线，直线延长线与地形断面曲线构成的三角形内为盲区。

⑥将各断面图上所求得的盲区标到地形图上，连接相邻观察射线的盲点，则可勾绘出观察的盲区。

⑦用求积仪或透明网点法分别求算出盲区面积和有效瞭望面积，再计算出瞭望可见率，计算公式：瞭望可见率＝有效瞭望面积/瞭望范围面积。

⑧对比几个预选台址的瞭望可见率，选择其中瞭望可见率最高的一个作为确定台址。一般单台的瞭望塔可见率要在 70% 以上，在地形复杂的林区，最低也不能低于 65%，否则要考虑另选台址。这种做法自动性比较差，手工劳动比较多，劳动强度也比较大，较费时。

5.3.1.5 基于 GIS 的林火瞭望塔分析

森林火灾监测在整个森林防火信息系统中占据着最为重要的位置，综合各项林火监测技术，拟利用林火瞭望塔对整个城区进行实时监控，较航空监测更为经济，同时实现 360°实时监控。主要应用数据包括：目标地区 ZY - 3 影像数据、林相图、DSM(DEM)、行政区划图等。

瞭望塔分布规划以可视域最大，盲区最小为最终建立目标，在确定瞭望塔目标地区安置仪器参数指标后，综合考虑瞭望塔个数和单个瞭望塔高度设计需求，拟定目标地区范围的森林火险瞭望塔建立规划，同时获取森林火险瞭望塔建立规划专题图及盲区分析专题图。

(1)林火瞭望塔高度确定

要保证瞭望塔上搭建仪器不因地形，树木等受到遮挡，使可视域范围达到最大，就要尽量提高瞭望塔高度，但随着高度的增加，建造及维修费用也会相应增加，对林火瞭望塔高度的确定就是调配最大可视域范围及建造费用的最为合理有效的方法。

(2)林火瞭望塔分布分析

进行瞭望塔分布研究，主要目的在于以尽可能少的个数使可观测范围覆盖面积最大，实现合理高效的工作。主要利用 ArcGIS 地理信息系统平台及 ERDAS(ENVI)影像处理分析平台，结合空间分析建模理论，以目标地区 ZY - 3 卫星影像及对应 DSM 数据为材料，在海拔较高地点(主要针对山区)及林火易发地点(平原及城区所在地)拟安置瞭望塔，对影像进行分类归组处理，利用软件拓扑叠加和空间插值，生成有林区等高图层，在通过表面分析生成阴影图，此后利用可视域分析功能，实现通视分析图和 ZY - 3 影像叠加，以确定瞭望塔建立具体位置。

(3)通视性分析

通视性分析是指从一个或多个位置所能看到的地形范围或与其他地形点之间的可见程度。通视性分析(Visibility Analysis)是基于 GIS 进行空间可视化地形分析的重要内容之一，实质上属于对可见地形最优化处理的范畴，是在 GIS 条件下创建 DEM(Digital Elevation Model)后通过一定的算法实现的。DEM

是用一组有序数值阵列形式表示地面高程的一种实体地面模型，可从现有地形图上采集，用格网读点法、数字化仪手扶跟踪及扫描仪半自动采集然后通过内插方法生成。GIS 下生成 DEM 时多采用 TIN(Triangulated Irregular Net－work)建立不规则 Delaunay 三角网生成，利用原始数据作为格网结点，避免内插方形格网(RSG)而牺牲原始点的精度，保证了数学模型的精度，保存了原有关键地形特征。此外，也能够较好地适应不规则形状区域，随着地形起伏变化的复杂性而改变采样点的密度和决定采样点的位置，能够避免地形平坦时的数据冗余。通视性分析是运用计算机几何原理和计算机图形学技术解决地形上视点或视点集合的可视性相关问题的方法和技术，长期以来对基于 DEM 通视性分析的评价一直受到人们的重视，广泛应用于 GIS 的各个方面，如火警观察站、雷达位置、广播电视或电话发射塔的位置、军事上的阵地布设等。通视性分析已成为建筑规划、景观分析与评价和军事等领域研究的重要课题之一。通视性分析按照输出信息的维数可以分为点通视性(LOS)和区域通视性(Viewshed)2 种。

　　①视线分析。视线用来描述点到点的通视性情况，是从观察点 O 开始并通过目标点 T 的射线。点对点的通视性一般采用布尔值来表达，即可视与不可视，如果目标点可视，则这两点通视，如图 5-24 所示。

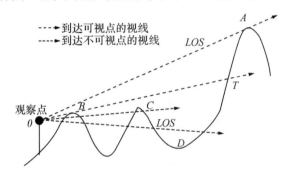

图 5-24　视线分析图解

　　②视域分析。视域用来描述点到区域的可视性情况，是指在一个特定的观测点 O 上，对周遭地物所能看见的区域。视域的大小根据观察点与目标点的间视线是否被地形或物体阻挡来计算，通过二元视域(Binary Viewshed)或布尔视域(Boolean Viedshed)表示，即 0 或 1，如图 5-25 所示。

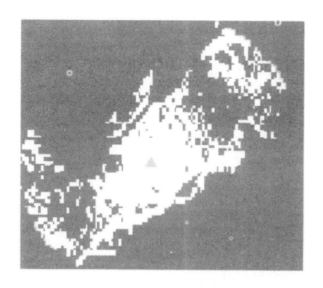

图 5-25 视域分析图解

注：灰色三角点为观察点，白色为可视区域，黑色为不可视区域

（4）盲区分析

为了更好的节约资源，同时考虑到地形条件，在安置瞭望塔时，不可能实现全方位覆盖。因此，在确定瞭望塔安置个数、地点及高度的基础上，要对整个目标地区进行盲区分析，以便确定准确的盲区范围，对此区域安排合理的巡逻队伍，加强防火监管力度，以确保防火工作顺利进行。主要采用：ZY-3 卫星影像、地形图、行政区划图、瞭望塔所有资料，结合 ArcGIS 可视域分析，确定不能通视的范围，即为林火监测盲区范围。在本项目中，通过上述瞭望塔分布位置及建立高度的多次试验，最终确定目标地区森林火灾瞭望塔高度分析模型如下：

图 5-26 为林火瞭望塔剖面分析图，其中，h'_A 为应造瞭望塔高度，a 为高出 C 处障碍物的高度，S_1、S_2 为 C 处障碍物距离 A 点瞭望塔与 C 点林火模拟发生位置的水平距离。h'_B 为林火模拟发生位置。

$$h'_A = h_A + \frac{s_1}{s_2}(h_B - h'_B) \tag{5-34}$$

$$h'_B = h_B + \frac{s_2}{s_1}(h_A - h'_A) \tag{5-35}$$

利用此公式，分析目标地区森林火灾瞭望塔分布及可视范围，为更好地

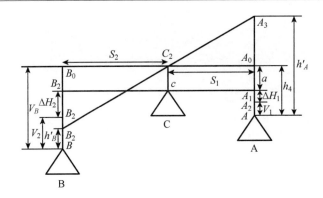

图 5-26　林火瞭望塔剖面分析

监测及预防森林火灾的发生提供了一定依据。

5.3.2　森林火险等级划分

5.3.2.1　火灾环境及火险因子

火灾环境是指除可燃物和火源外的其他影响火发生、蔓延的所有因素的总和，主要是指气象要素、地形要素、植被要素以及人为因素等。气象要素影响着可燃物的含水量，而可燃物含水量的多少影响着可燃物达到燃点前的升温过程和着火后的热分解过程。当可燃物含水率高于某一数值时，一般火源所提供的能量不足以使可燃物温度达到燃点，可燃物就不会被引燃而发生火灾，这个可燃物含水率值称为熄灭含水率或灭火含水率。FMC(可燃物含水率)小于 MOE(熄灭含水率)时，FMC 越小，林火发生的危险性越大。根据这个指标将林火发生的危险程度划分。

（1）森林火灾与气象要素

火险气象要素很多，常见的气象因子包括气温、风向、风速、降水量、相对湿度、日照等，以及它们的各种组合。气象要素随时间和空气的变化很快，是影响林火发生和蔓延的重要因素。

①空气相对湿度。相对湿度（RH）是指空气中实际水汽压（e）与同温度下的饱和水汽压（E）之比的百分数（图 5-27）。

$$RH = \frac{e}{E} \times 100\% \tag{5-36}$$

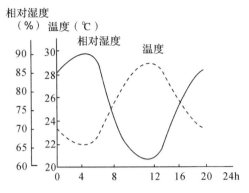

图 5-27　相对湿度的日变化

表 5-3　相对湿度与火灾发生

相对湿度(RH)	>75%	55%~75%	30%~55%	<30%
火灾是否发生	不会发生	可能发生	可能发生重大火灾	可能发生特大火灾

相对湿度的大小直接影响到可燃物含水量的变化。相对湿度越大，可燃物的水分吸收越快，蒸发越慢，可燃物含水量增加；反之，可燃物的水分吸收越慢，蒸发越快，可燃物含水量降低。当相对湿度为 100% 时，空气中水汽达到饱和，可燃物水分蒸发停止，大量吸收空气中的水分，也会使可燃物含水量达到最大（表 5-3）。

一天之中，早晚相对湿度较高，而中午和下午时段相对湿度达到最低，可燃物最干燥易燃，是容易发生森林火灾的时段。

②降水量。降水量是指降落雨水或雪融化在地面上的水层的厚度，单位以 mm 表示。如果一个地区年降水量超过 1500mm，且分布均匀，一般不会或很少发生森林火灾，如热带雨林地区，终年高温高湿；如果降水量小于1000mm，容易发生火灾（图 5-28）。每次降水的多少对地表可燃物含水量的影响也不同。一般情况下，降水量 1mm 几乎没有影响；降水量 2~5mm，能够降低林分的燃烧性；降水量大于 5mm，林地上的可燃物吸水达到饱和，一般不会发生森林火灾。降水间隔期越长（连续干旱），气温越高，相对湿度越小，林内可燃物越干燥，尤其是粗大可燃物含水量降低较多，易发生大森林火灾。

③降雪。冬季降雪，能覆盖地表可燃物，使其与火源隔绝，一般在融化前，不会发生火灾。

④温度。温度与林火的发生密切相关，它能直接影响相对湿度的变化。

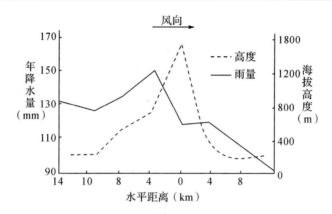

图 5-28　某地南北坡降水量

温度升高，空气中的饱和水汽压随之增大，使相对湿度变小，直接影响着细小枯死可燃物的含水量。同时，气温升高，可提高可燃物自身的温度，使可燃物达到燃点所需的热量大大减少。一般来说，14：00 的气温可以表示日最高气温（图 5-29）。

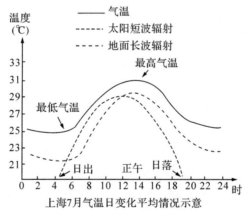

上海7月气温日变化平均情况示意

图 5-29　降温日变化平均情况示意

　　⑤云量。云量的多少直接影响地面上的太阳辐射强度，影响气温的变化，也可影响到可燃物自身的温度变化。云量的多少影响到可燃物温度与气温差值的大小。云量越小，差值越小。

　　⑥风速。风速是空气在单位时间内水平移动的距离。风吹到可燃物上，能加快可燃物水分的蒸发，使其快速干燥而易燃；能不断补充氧气，增加助燃条件，加速燃烧过程；能改变热对流，缩短热辐射的距离，加快了林火向

前蔓延的速度；也是产生飞火的主要动力。所以，风是森林火灾发生的最主要因子。据调查，森林火灾发生次数与月平均风速有关(表5-4)。

表5-4 月平均风速与森林火灾次数的关系

月平均风速(m/s)	森林火灾次数	百分率(%)
≤2	1	1
2.1~3	23	20
3.1~4	31	25
>4	64	54

⑦气压。地面天气状况与高空气温和气压场的变化紧密相关，气压的变化直接影响气温、相对湿度、降水等气象因子的变化。一般来讲，高气压控制下，天气晴朗、气温高、相对湿度小、森林容易着火；低气压能形成云雾和降水天气，不发生或很少发生森林火灾。

【实例分析】 将从房山气象局获得的房山区1987—2003年气象数据进行分类统计，计算房山区历年的平均温度、湿度、降水量和风速，然后利用数理统计中相关分析方法，将以年为尺度的气象平均值作为样本代入SPSS软件中进行相关性分析，获得房山区气象条件与林火的关系。

表5-5 相关系数

项 目	平均温度	相对湿度	降水量	风速
火灾发生次数	-0.21	-0.454	-0.085	0.170
过火面积	-0.541	-0.608	-0.111	0.357

从表5-5可以看出，森林火灾发生次数和平均气温有轻微的负相关性，与过火面积也呈负相关关系，相关系数达到-0.541，说明平均气温的高低对林火发生次数影响不大，但对森林火灾的过火面积有较大影响，可能是由于房山区大部分林火是由人为原因引起，所以温度对林火发生次数影响不显著，但是当温度升高时，森林可燃物的易燃性增大，一旦发生火灾过火面积就会增大。

相对湿度与森林火灾发生次数的负相关关系明显，相关系数为-0.454；与过火面积也有较大的负相关性，相关系数达到-0.608。这是因为相对湿度较大时，森林可燃物的易燃性较低，发生森林火灾的概率就较小。即使发生火灾，由于空气湿度大，火灾蔓延速度也比较慢，容易扑灭，因此过火面积也比较小。

降水量与森林火灾发生次数、过火面积都有微小程度的负相关性，相关系数分别为 -0.085、-0.111。降水使得森林地面温度下降，相对湿度增加，因此，森林可燃物不易燃烧，相应的发生林火次数也少，过火面积也较小。

风速与森林火灾发生次数和过火面积均呈正相关，相关系数分别为 0.170，0.357。可以看出，风速对林火过火面积影响较大，发生火灾时，风速越大，森林可燃物之间传播越快，过火面积也越大。

（2）森林火灾与地形因素

①海拔。随着海拔的升高，林火发生的次数减少。林火主要发生在海拔小于500m的平原和丘陵地区，主要原因是人工林集中分布在丘陵地区，郁闭度低，森林可燃物较多；而平原地区人口密度较高，人为火源也较多，容易引发火灾；而高海拔地区气温较低，人员稀少，发生火灾概率也较少。

②坡度。坡度是表示地形的一个重要参数，用来描述地表单元的陆缓程度或倾斜程度。地面的坡度是通过该点的切面与水平面的夹角。地面点的坡向指地面某点的切面在水平面的投影与过该点正北方向的夹角。

③坡向。于不同气候带暖湿气流在不同的坡向上形成的降水不同，其地干湿程度也不同。这也就使得不同坡向上植被生长状况也不同，一般情况阳坡的植被类型多，植被生长茂盛。

利用 ArcGIS 软件，对 DEM 提取的坡度图、坡向图、海拔图进行重分类，统计出 17 年间房山区不同坡度、坡向和海拔范围内林火发生的次数如图5-30、图5-31 所示。

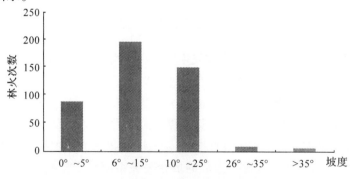

图5-30　林火次数与坡度的关系

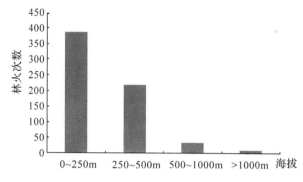

图 5-31　林火次数与海拔的关系

（3）森林火灾与植被因子

①植被类型。不同的植被类型，其含水量、燃烧性、氧化硅含量、着火点温度、耐火性等都有明显的差异。在森林资源调查和管理中，经常根据不同的分类标准和用途对森林资源进行地类划分、树种划分、林龄组划分、林分起源划分等。

②树龄。植被的树龄不同，其树冠大小也不同，对森林火灾的影响也不同。幼龄林内发生林火次数概率较大，其次是成、过熟林，最后是中龄林和近熟林。

③郁闭度。森林郁闭度的大小能直接影响林下可燃物的数量和含水率以及林内小气候的变化，一般情况下，郁闭度越大、林内光线越弱，温度越低，蒸发小，温度大，不易燃；郁闭度越小，则发生火灾的可能性越大。

（4）森林火灾与人为因素

①居民点。居民点周围的范围内是林区人民活动的主要区域，是人为火源比较多的区域。根据现有的房山区森林火灾分布资料得出：房山距离居民点 500～1000m 范围内林火发生次数较多，随着距离居民点的距离的增加，林火发生的次数也逐渐降低。

②道路。道路与林火发生具有双面性，道路网稀少的地区林火发生概率较小，如果发生火灾，由于难以到达也难以扑救；而道路网稠密的地区，人为火源较多，林火发生率也比较高，同时也易于扑救。

③特殊节日。森林火灾的发生与一些特殊的节日有着密切关系。诸如春节、清明、中元节、重阳节等。例如清明期间，风大物燥，林内草木干枯，正处于森林高火险期，有些人携带火种进山，进行上坟烧纸、烧香烛、燃放

鞭炮等林内用火行为，不进行集中焚烧，而且未加强看护，造成走火跑火，使得森林火灾的发生率提高。

5.3.2.2 主要的林火预报方法

(1)综合指标法

综合指标法是前苏联聂斯切洛夫在俄罗斯欧洲平原地区，进行了一系列试验后，得出的一种森林火险预报法。目前，俄罗斯地区仍在应用。其原理是，某一地区无雨期越长，气温越高，空气越干燥，地表可燃物含水率也越小，森林燃烧性越大，容易发生火灾。因此，根据空气饱和差、气温和降水情况，来综合估计森林燃烧的可能性，并制定相应的综合指标来划分火险天气等级。综合指标的计算如下。

$$P = \sum_{i=1}^{n} t_i d_i \tag{5-37}$$

式中 P——综合指标，量纲为 1；

       t_i——空气温度(℃)；

       d_i——水汽饱和差(Pa)；

       n——降雨后连旱天数。

综合指标是雪融化后，从气温 0℃开始积累计算，每天 13：00 时测定气温和水汽饱和差，同时要根据当天降水量多少加以修正。如果降水量超过 2mm 时，则取消以前累计的综合指标。如果降水量 >5mm，不仅要取消以前的积累综合指标，同时还要将降雨后 5d 内计算的综合指数减去 1/4，然后再累计得出综合指标(表 5-6)。

表 5-6   综合指标法火险等级

火险等级	综合指标值	危险程度	森林燃烧性
Ⅰ	<300	无危险	一般不易燃烧
Ⅱ	300~500	少危险	着火后蔓延很慢
Ⅲ	500~1000	中等危险	燃烧较快
Ⅳ	1000~4000	高度危险	蔓延较快
Ⅴ	>4000	极度危险	火势猛，不易救

(2)实效湿度法

可燃物的易燃程度取决于可燃物含水率的大小，而可燃物含水率又与空气湿度有密切关系。当可燃物含水率大于空气湿度时，可燃物的水分就向外渗，反之则吸收。因此，空气湿度的大小直接影响到可燃物含水率的多少，它们之间往往是趋向于相对平衡。但是，在判断空气湿度对木材含水量的影响时，仅用当日的湿度是不够的，必须考虑到前几天空气湿度的变化，根据我国东北小兴安岭林区试验，前一天空气湿度对木材含水率的影响只有当天的一半。其计算公式：

$$R = (1 - \alpha)(\alpha^0 h_0 + \alpha^1 h_1 + \alpha^2 h_2 + \cdots + \alpha^n h_n) \tag{5-38}$$

式中　R——实效湿度（%）；

h_0——当日平均相对湿度（%）；

h_1——前一天平均相对湿度（%）；

h_2——前两天平均相对湿度（%）；

h_n——前 n 天平均相对湿度（%）；

α——系数，一般为 0.5。

根据上式计算后结果见表 5-7。

表 5-7　实效湿度

等级	燃烧特性	实效湿度（%）
I	不易燃	>60
II	可燃	51 ~ 60
III	易燃	41 ~ 50
IV	最易燃	30 ~ 40
V	剧烈燃烧	<30

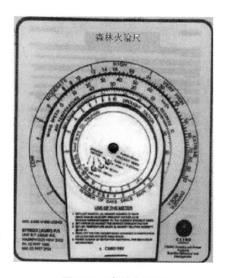

图 5-32　森林火险尺

（3）森林火险尺法

森林火险尺法是一种多因子森林火险预报法，它选择多个火险因子，研究它们与森林火险之间的关系，然后将这些火险因子印制在计算尺上，随身携带随时计算森林火险等级（图 5-32）。森林火险尺结构简单，使用方便，是基层森林防火工作人员预报森林火险等级的简便工具。大兴安岭森林防火指挥部制作使用的一种森林火险尺，是汇总 1956—1979 年发生于大兴安岭林区的 800 多起火灾资料，根据记录的每次发生火灾时风速、空气湿度和雨后天数，并实地测定林火发生时的可燃物含水率，选择风速、地被物含水率、雨后天数和温度为预报因子，然后制作成尺。

（4）森林火险指标体系

北京林业大学测绘与"3S"技术中心研发的森林火险指标等级体系（表5-8）。

表5-8　森林火险指标等级体系

变量及权重	类别	等级值	火敏程度
坡度0.0981	平坡0~5°	6	中
	缓坡6°~15°	9	高
	斜坡16°~25°	7	较高
	陡坡26°~35°	5	中
	急坡>35°	1	低
坡向0.0916	北坡	2	低
	东北	5	中
	东坡	9	高
	东南坡、南坡、平坡	7	较高
	西南坡	1	低
	西坡、西北坡	3	低
海拔0.1057	<250m	10	高
	250~500m	7	较高
	500~1000m	5	中
	>1000m	1	低
林龄0.1186	近熟林	3	低
	过熟林	6	中
	成熟林	6	中
	中龄林	4	低
	幼林龄	10	高
植被类型0.1935	针叶林	10	高
	阔叶林	7	较高
	混交林	8	较高
	灌木林地	6	中
	农用地	4	中
	疏林地	5	中
	水域	0	低
	未利用地	3	低
	其他用地	6	中

（续）

变量及权重	类别		等级值	火敏程度
郁闭度	0.7 以上		9	高
	0.5~0.7		7	较高
	0.3~0.5		5	中
	0.3 以下		3	低
树种	可燃类	冷杉	7	较高
		桦木	7	较高
		柳杉	7	较高
		杉木	7	较高
		珙桐	7	较高
		落叶松	7	较高
		水杉	7	较高
		杨树	7	较高
		檫树	7	较高
		紫杉	7	较高
		椴树	7	较高
		针阔混交林	7	较高
		硬阔(色木、山毛榉等)	7	较高
		软阔(枫杨、柳树、木麻黄等)	7	较高
		杂木	7	较高
	易燃类	栗树	9	高
		樟树	9	高
		柏木	9	高
		桉树	9	高
		油杉	9	高
		枫香	9	高
		柯	9	高
		栎(含槲等)	9	高

（续）

变量及权重	类别		等级值	火敏程度
树种	易燃类	华山松	9	高
		高山松	9	高
		赤松	9	高
		思茅松	9	高
		红松	9	高
		马尾松	9	高
		樟子松	9	高
		油松	9	高
		黑松	9	高
		云南松	9	高
		灌木林	9	高
		桤木	9	高
	难燃类	竹类	6	中
		栲类	6	中
		青冈	6	中
		水曲柳	6	中
		核桃楸	6	中
		泡桐	6	中
		黄波罗	6	中
		桢楠	6	中
		刺槐	6	中
		木荷	6	中
道路缓冲区 0.1943	0 ~ 500		9	高
	500 ~ 1000		7	较高
	1000 ~ 2000		5	中
	> 2000		1	低

（续）

变量及权重	类别	等级值	火敏程度
居民点缓冲 0.1982	0～500	4	中
	500～1000	9	高
	1000～1500	7	较高
	1500～2000	5	中
	>2000m	2	低
节日	春 节	9	高
	元宵节	9	高
	清明节	9	高
	端午节	7	较高
	中元节	9	高
	中秋节	6	较高
	重阳节	6	较高
	劳动节	7	较高
	国庆节	8	高
风速（m/s）	3.4～5.4 一级～三级	3	低
	5.5～6.9 四级	5	中
	8.0～10.7 五级	7	较高
	≥10.8 六级以上	9	高
湿度（%）	>60	3	低
	51～60	5	中
	41～50	7	较高
	31～40	8	高
	<30	10	极高
温度（℃）	<12℃	3	低
	12.1～15.0	4	中
	15.1～18.0	5	较高
	18.1～21.0	7	高
	>21.0	9	极高

（续）

变量及权重	类别	等级值	火敏程度
降水量（mm）	>3.1	2	低
	1.6~3.0	4	中
	0.1~1.5	7	较高
	无降水	9	高

　　根据层次分析法确定的各指标的权重以及相应各因子的火险等级值，采用加权叠置方法，运用森林火险指数计算公式，获得森林火险区划结果。森林火险指数计算公式如下：

$$FFR = \sum_{i=1}^{8} w_i x_j \tag{5-39}$$

式中　　FFR——森林火险指数；

　　　　x_j——森林火险孕灾因子；

　　　　w_i——因子权重。

　　以北京市房山区为例。根据以上分析，为每个级别的图层赋予相应的火险等级值，将房山区坡度图、坡向图、海拔图按照火险等级值进行重分类，将房山区植被类型、用地类型和林龄按照火险等级值进行分类，将房山区道路和居民点按照不同缓冲区的火险等级值进行分类，得到每个火险因子的分级专题图，如图5-33至图5-39。

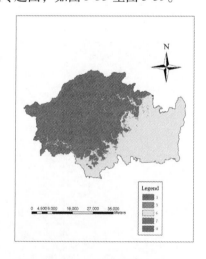

图5-33　坡度因子分级

图5-34　坡向因子分级

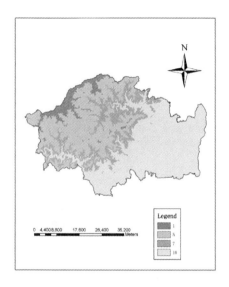

图5-35 海拔因子分级

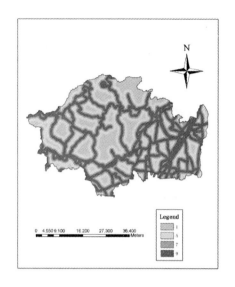

图5-36 道路缓冲区分级

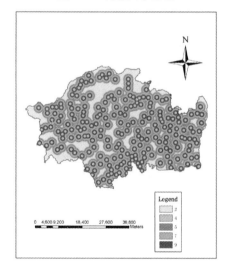

图5-37 居民点缓冲区分级

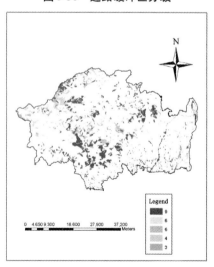

图5-38 植被林龄分级

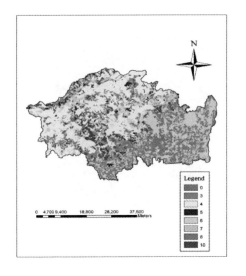

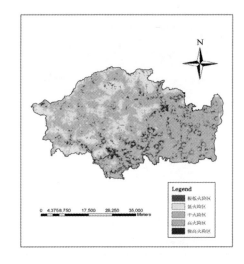

图 5-39　植被类型分级　　　　　　图 5-40　房山区森林火险区划

根据计算的 FFR 的值，将房山区划分为 5 类火险区，分别为：极高火险区、高火险区、中火险区、低火险区和极低火险区，如图 5-40 所示。

由图 5-40 可以看出，房山区森林火险的地域分布明显，高火险区和极高火险区主要分布在东部和中部海拔低于 250m 的平原和丘陵地区，极高火险区一般都分布在道路和居民点的两侧以及山区旅游景点周围。计算各火险等级区所占面积，见表 5-9。

表 5-9　各火险区面积及百分比

火险等级	面积(km²)	百分比(%)
极高火险区	149.05	6.40
高火险区	302.72	15.01
中火险区	900.72	44.67
低火险区	553.00	26.42
极低火险区	110.78	5.49

可以看出房山区大部分区域处于中火险区，总面积达到 900km²，占全区总面积的 44.67%；极高火险区面积 149.05km²，占全区总面积 6.4%；高火险区面积 302.72km²，占全区面积的 15.01%；低火险区面积为 553km²，占全

区总面积26.42%。中火险区和高火险区面积约占整个房山区面积的60%，说明房山区的森林火险程度比较高，面临的森林防火任务也是比较重的。

5.3.3 林火蔓延模型

林火蔓延预测模型在空间数据库和森林资源数据库基础上，通过分析森林地理因子和气象因子实现。在火场实地的虚拟场景基础上叠加林地单元图层，这个图层的信息包括高程、坡度、坡向、腐殖层厚度、林地郁闭度等森林地理因子，同时纳入气象因子，指当时火场的气温、相对湿度、降水、风速、风向等，运用相应技术调整时间和相关参数，在火场实地的虚拟场景中输出林火蔓延的全部过程和燃烧的火场水平投影面积和林地实际面积。从而为指挥者提供了预测火灾发展的信息。自 1946 年 WRFons 首先提出林火蔓延的数学模型以来，许多国家的学者，针对不同可燃物类型，基于各种各样的假定，提出了多种林火蔓延模型。如椭圆模型、美国的 Rothermel 模型、澳大利亚的 McAnhur 模型、加拿大林火蔓延模型及中国的王正非林火蔓延模型，以及在上述模型基础上的修正模型等。由于火灾预防和扑救的实效性很强，影响林火行为的因素多，各种参数复杂，数学模型运算繁琐，因此，要在很短的时间内判断火灾的发展趋势，及时采取应对决策，就必须选择合适的林火蔓延模型，并运用科学的工具借以辅助模拟实现。

5.3.3.1 椭圆模型

椭圆模型是指在任何条件下，由点火源扩展开的火场形状为椭圆形，椭圆的长轴为最大火蔓延速度方向，而点火源就是椭圆的一个焦点。

在无风、无坡度及可燃物为均质的条件下，各个方向的火蔓延速度相等，由点源扩展开的火场形状应为圆形，如图 5-41(a)所示。在风速的影响下，各个方向火蔓延的速度不相等，点火源扩展火场为椭圆形，椭圆长轴方向为最大蔓延速度方向，也是风速方向，点火源就是椭圆的焦点 F，d 前表示前火头，即点火源到火尾的距离，d 后表示后火头，即点火源到火头的距离，如图 5-41(b)所示。

在只有坡度条件下，火场形状也可以简化为椭圆，长轴表示最大蔓延速度方向，也是上坡方向，如图 5-41(c)所示。

在风速和坡度综合影响下，火场形状也可以简化为椭圆形，长轴为最大蔓延速度方向，相当于只有风作用下的 R_w 和只有坡度作用下的 R_s 的矢量的叠加，如图 5-41(d)所示。

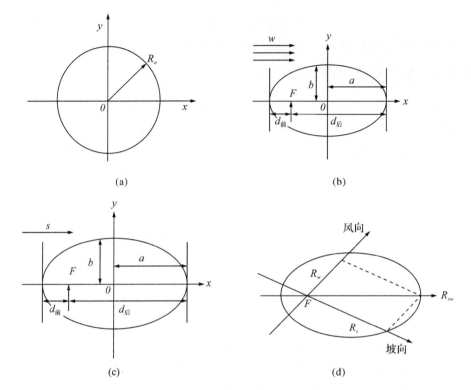

图 5-41　矢量的叠加

　　确定一个二维椭圆需要知道两个量，一是椭圆的长轴；另一个量是椭圆的形状因子，用 k 来表示，表示椭圆的半长轴 a 和半短轴 b 之比。已知过火时间 t，最大火蔓延速度 R，就能计算得到椭圆的长轴，其中最大火蔓延速度 R 是根据用户所选择的林火蔓延速度模型计算得到。椭圆的形状因子 $k = A/B$，一般由实验结果拟合得到。如在有风条件下，拟合的经验公式为：

$$k = 1 + \lambda U \tag{5-40}$$

式中　λ——系数；

　　　　U——风速。

　　对于在风速和坡度综合影响的情况下，可以根据等效原则，求出折合风速，进而求得椭圆的形状因子 k。

　　在椭圆假设的基础上，火场计算实际上变成椭圆的确定，椭圆一旦确定，火场面积、周边界长等特征量的计算就十分简单。椭圆模型只是假定林火蔓延火场形状为椭圆形，并不是确定林火蔓延速度模型，椭圆模型中林火蔓延速度的计算是依靠其他的林火蔓延速度模型计算得到的，如 Rothermel 模型、McArthur 模型、王正非模型。

5.3.3.2 基于能量守恒定律的 Rothermel 模型

Rothermel 模型研究火焰前锋的蔓延过程，而不考虑过火火场的持续燃烧要求野外的可燃物是较均匀，它是直径小于 8cm 的各种级别的混合物，且假定较大类型可燃物对林火蔓延的影响可以忽略。Rothermel 模型应用了"似稳态"(Quasi-Steady State)的概念，即从宏观尺度来描述火蔓延，这就要求燃料床参数在空间分布是连续的；地形地势等在空间分布是连续的；动态环境参数不能变化太快。

$$R = \frac{I_R \zeta (1 + \Phi_w + \Phi_s)}{\rho_b \varepsilon \varphi_{ig}} \tag{5-41}$$

式中　R——林火蔓延速度(m/min)；

I_R——火焰区反应强度[kJ/(min·m^2)]；

ζ——林火蔓延率(无因次)；

Φ_w——风速修正系数；

Φ_s——坡度修正系数；

ρ——可燃物的密度(kg/m^3)；

ε——有效热系数(无因次)；

φ_{ig}——点燃单位质量的可燃物所需的热量(kJ/kg)。

Rothermel 模型是基于能量守恒定律的物理机理模型，由于其抽象程度较高，因而具有较宽的适用范围，由于在现实情况下，微观尺度上的可燃物很难达到均匀，因此，Rothermel 采用了加权平均法获得可燃物的参量，后 Francis 又对空间可燃物异质的林火蔓延做出了估计。考虑到可燃物配置的获取费时费力，采用了可燃物模型来描述参数以便进行林火蔓延计算，当可燃物床层的含水量超过时，Rothermel 模型就失效了。Rothermel 模型本身是一个半经验模型，因为模型的一些参数需要试验来获取，而且模型要求的输入参数的项之多，参数间又有嵌套关系，在我国大部分地区不具备预报这些参数的条件。

5.3.3.3 澳大利亚的 McArthur 模型

McArthur 模型是 Noble I. R. 等人对 McArthur 火险尺的数学描述，它不仅能预报火险天气，还能定量预报一些重要的火行为参数，是扑火、用火不可缺少的工具，但它可适用的可燃物类型比较单一，主要是草地和桉树林适宜

的地域；对地中海式气候的国家和地区，以及我国南方森林防火具有一定的
参考价值。

$$R = 0.13F \tag{5-42}$$

式中　R——较平坦地面上的火蔓延速度（km/h）。

对于草地，F 具有如下形式：

$$F = 2.0\exp\left[-23.6 + 5.01\ln B + 0.0281T_\alpha - 0.226H_\alpha^{0.5} + 0.633U^{0.5}\right]$$
$$\tag{5-43}$$

式中　F——火险指数（无因次量）；

　　　　B——可燃物的处理程度（%）；

　　　　T_α——气温（℃）；

　　　　H_α——相对湿度（%）；

　　　　U——在 10m 高处测得的平均风速（m/min）。

对于桉叶树林地，具有如下形式：

$$F = 2.0\exp\left[-0.405 + 0.987\ln D' - 0.0345H\alpha + 0.0234U\right] \tag{5-44}$$

式中　D^1——干旱码（无因次量），其他参数意义同上。

对于有斜坡的地面（地面坡度为）上火蔓延的速度简化式为

$$R_\theta = R \cdot \mathrm{e}^{(0.069\theta)} \tag{5-45}$$

式中　θ——地面披率。

5.3.3.4　加拿大林火蔓延模型

加拿大林火蔓延模型是加拿大火险等级系统（CFFDRS）采用的方法根据
加拿大的植被状况，可燃物可划分为 5 大类，即：针叶树、阔叶树、混交林、
采伐基地和开阔地，并被细分为 16 个代表林型通过 次火观察，总结出多数可
燃物蔓延速度方程（ROS）不同类别可燃物有不同蔓延速度方程，但所有方程
都是以最初蔓延指标（ISI）为独立变数，它与细小可燃物含水量和风速有关，
如对于针叶林的初始蔓延速度方程为：

$$ROS = a\left[ISI - \mathrm{e}^b\right] \tag{5-46}$$

式中　ROS——可燃物蔓延速度（m/min）；

　　　　a，b——不同可燃物类型的参数；

　　　　ISI——初始蔓延指标对于在斜坡上蔓延的火，其蔓延速度只需要乘以
一个适宜的蔓延因子即可。

蔓延因子可用下式表示：

$$S_f = \mathrm{e}^{3.533(\tan\varphi)1.2} \tag{5-47}$$

式中　S_f——蔓延因子(无因次量);

　　　φ——地面的坡度。

加拿大林火蔓延模型属于统计模型,它不考虑火行为的物理本质,而是通过收集、测量和分析实际火场和模拟实验的数据,建立模型和公式。其优点是能方便而形象的认识火灾的各个分过程和整个火灾的过程,能成功的预测出和测试火参数相似情况下的火行为,能较充分地揭示林火这种复杂现象的作用规律。它的缺点是这类模型不考虑任何热传机制,由于缺乏物理基础,当实际火情与试验条件不符时,使用统计模型的精度就会降低。

5.3.3.5　王正非的林火蔓延模型

$$R = R_0 \cdot K_w / \cos\varphi$$

修正:
$$R = R_0 K_w K_s K_\varphi \tag{5-48}$$

式中　R_0——初始蔓延速度;

　　　K_s——可燃物配置格局更正系数;

　　　K_w——风力更正系数;

　　　K_φ——地形坡度更正系数。

K_φ用来表征可燃物的易燃程度(化学特性)及是否有利于燃烧的配置格局(物理特性)的一个订正系数,它随地点和时间而变。对于某时、某地来说,整个燃烧范围和燃烧过程中,K_s可以假定为常数。王正非按照野外实地可燃物配置类型,把它予以参数化(形成K_s值查算表),方便实用风速更正系数为

$$K_w = e^{0.1783V} \tag{5-49}$$

根据加拿大的实验验证,地形对蔓延速度有正(负)增益作用,并不是谐波函数的线形关系根据瓦格纳的实验数据所得的关系式为:$K_\varphi = e^{3.533(\tan\varphi)1.2}$,这与加拿大的蔓延因子是一致的,但当坡度超过 60° ~ 70° 时,该定量关系的计算式就难以使用,因而林火蔓延模型也仅适用于坡度在 60° 以下的地形,此模型仅适用于上坡和风顺着向上坡的情况。因此,毛贤敏等人考虑风向和地形的组合导出了上坡、下坡、左平坡、右平坡和风方向的 5 个方向的方程组,可供实际使用。

5.3.3.6　八叉树林火蔓延模型

八叉树林火蔓延模型(图 5-42)将森林着火点作为一个节点,每一个节点作为一个具有 8 个子节点的正方体结构的元素,每一个子节点就代表了该着火点的 8 个蔓延方向,因此,通过时间因子对 8 个方向上的蔓延进行模拟,结合在这 8 个方向上林火的蔓延速度,将相邻的字节点进行封闭图形的连接,

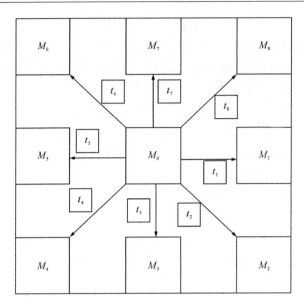

图5-42　八叉树林火蔓延模型

就可以得到森林火灾的过火面积图形、周长等信息，进而完成森林火灾蔓延，进行分析可视化表达(图5-43)。该模型的8个方向的数学表达式为：

$$R = R_0 \cdot K_s \cdot \exp(0.1783V\cos\theta) \cdot \exp[-3.533(\tan\varphi^{1.2})]$$

$$R = R_0 \cdot K_s \cdot \exp[0.1783V\cos(\theta-45°)] \cdot \exp\{-3.533[\tan(\varphi \cdot \cos45°)]^{1.2}\}$$

$$R = R_0 \cdot K_s \cdot \exp[0.1783V\cos(\theta-90°)]$$

$$R = R_0 \cdot K_s \cdot \exp[0.1783V\cos(\theta-135°)]$$

$$\cdot \exp\{-3.533[\tan(\varphi \cdot \cos45°)]^{1.2}\}R_B$$

$$= R_0 \cdot K_s \cdot \exp[0.1783V\cos(180°-\theta)] \cdot \exp[-3.533(\tan\varphi^{1.2})]$$

$$R = R_0 \cdot K_s \cdot \exp[0.1783V\cos(\theta-226°)] \cdot \exp\{-3.533[\tan(\varphi \cdot \cos(-45°))]^{1.2}\}$$

$$R = R_0 \cdot K_s \cdot \exp[0.1783V\cos(\theta+90°)]$$

$$R = R_0 \cdot K_s \cdot \exp[0.1783V\cos(\theta-315°)] \cdot \exp\{3.533[\tan(\varphi \cdot \cos(-45°))]^{1.2}\}$$

$$\tag{5-50}$$

式中　R_0——林火蔓延初始速度；

　　　K_s——可燃物系数；

　　　V——风速；

θ——风向角；

φ——坡度。

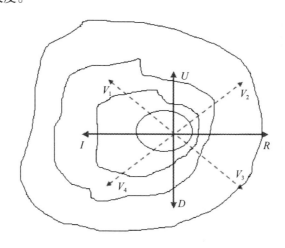

图 5-43　八叉树林火蔓延模型分析

　　因此，要想通过此扩散模型算法来模拟林火蔓延，最重要的是求出 8 个方向上的林火蔓延速度。8 个方向是在上坡，下坡，左平坡，右平坡的基础上在每两个方向正中间再加一方向，一共 8 个方向。对于某一森林小班，在该小班内，以着火点 O 为原点，以正风向 V_1 为 Y 轴，过着火点 O 且与其垂直的直线为 X 轴，在该坡度平面内建立直角坐标系 $O-XY$。通过 MODIS 数据提取、气象数据、地理信息数据等获取 6 个输入因子数据、8 个输出速度数据，经过数据标准化后，进入上述神经网络模型进行训练，然后用这些训练数对神经网络进行训练，自动获取模型的参数，神经网络通过后向传递算法，自动地不断调整模型参数，使得计算值趋近实际值，从而找到模型的最佳参数。输出层神经元的计算值反映转变为平面八叉树 8 个方向的林火蔓延速度的标准化值，可还原成林火蔓延的实际值即可得到，经过时间 t 蔓延，这 8 个方向火点所到达的子节点分别设为，从这 8 个子节点的每一个节点，同时重复上述父节点的蔓延方式，则得到共 64 个节点，如此，经过 n 次重复，得到从 O 点开始的每个层次的子节点的坐标，经过时间 t 后，将所得到的相邻子节点全部连接起来，形成一个封闭的多边形，由于林火已经蔓延过的区域也可能存在子节点，因此，取连接面积最大的封闭多边形，因为每个节点的坐标可通过模型获得的林火蔓延速度计算得到，因此，将这些多边形的顶点通过与起

火点 O 连接，通过计算这些三角形的面积，即可获得从林火发生，经过时间 t 后，该场森林火灾的过火面积；在经过时间 t 之后，将前述封闭多边形相邻边的距离累加，即得到火场的周长长度。这样，就可以实现预先估计火场的范围、形状、面积、周长长度以及周边的增长速度等火场模型因素。

5.3.4 林火损失评价

森林火灾不仅烧毁大量的森林资源，破坏林区的自然环境，而且影响国民经济的发展，严重威胁人民的生命财产安全。据统计，世界每年约发生火灾 22×10^4 次以上，烧毁森林面积 $640 \times 10^4 \ hm^2$，占世界森林覆盖率的 0.23% 以上。

开展林火损失评价是火灾后经济补偿的基础，其核心问题是森林价值和生态效益的确定。森林火灾损失评价内容主要包括经济、生态两个方面，涉及生态学和经济学两门学科，属于经济生态或生态经济范畴。森林火灾的灾后评价涉及社会的诸多方面，受多种因素的制约，是一项复杂的系统工程，也是一项长期的、艰巨的工作。

5.3.4.1 林火损失的分类

当前，国内外诸多学者对森林火灾损失的评价内容和评价方法提出了各自不同的见解，总结起来主要有 3 种分类方法：①将损失直接划分为直接经济损失和间接经济损失 2 类；②从森林资源损失、直接经济损失、间接经济损失、森林环境资源损失 4 个方面对损失进行评价统计；③从火灾造成的经济损失、生态环境损失、社会效益损失 3 个角度进行统计。目前对森林火灾损失的评价还没有形成统一、简便适用的方法。依据不同的分类进行损失统计，必然会导致对同一次火灾造成的损失统计出现不同的结果。本书综合国内外林火损失分类的主流思想，将林火损失分为以下两类。

经济损失，因森林火灾所造成的森林资源直接损失的经济价值；生态效益损失，森林火灾生态效益损失评价建立在生态学基础上，将森林火灾造成的各种损失折合成经济的间接损失。

5.3.4.2 林火损失评价的内容和方法

每起森林火灾的损失是林火经济损失和生态效益损失的总和，本节重点介绍评价内容和评价方法（图 5-44）。

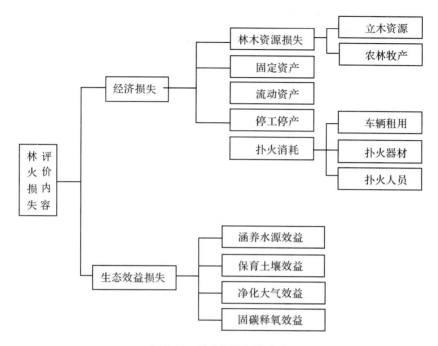

图5-44 林火损失评价内容

林火损失评价是对火灾烧毁森林资源造成经济损失和生态效益损失进行综合评价的。林火总损失数学表达式如下：

$$Y = F_1 + F_2 \tag{5-51}$$

式中　Y——森林火灾总的经济损失(元)；

　　　F_1——经济损失(元)；

　　　F_2——生态效益经济损失(元)。

（1）经济损失

经济损失的评价包括对林木资源损失、固定资产损失、流动资产损失、停工停产停业损失和扑火消耗损失5个内容的评价。其数学式可表达为：

$$F_1 = A_1 + A_2 + A_3 + A_4 + A_5 \tag{5-52}$$

式中　F_1——经济损失(元)；

　　　A_1——林木资源经济损失(元)；

　　　A_2——固定资产损失(元)；

　　　A_3——流动资产损失(元)；

　　　A_4——停工停产停业损失(元)；

A_5——扑火消耗损失（元）。

①林木资源损失。林木资源损失计算公式为：

$$A_1 = D \times k \times M \tag{5-53}$$

式中　A_1——森林火灾直接经济损失（元）；

　　　D——单位面积森林直接经济价值（元/hm²）；

　　　k——价值损失系数综合值；

　　　M——森林受灾面积（hm²）。

a. 立木资源价值。立木资源价值由单位面积林地上生长着的立木资源蓄积和单位蓄积的价格来求得，其计算公式为：

$$D_1 = M \times P \tag{5-54}$$

式中　D_1——单位面积立木资源价值（元）；

　　　M——单位面积立木资源蓄积量（hm²）；

　　　P——单位蓄积林价（元）。

b. 农林牧产品的价值。农林牧产品指森林火灾烧毁林区内林场、贮木场、采育场和山场等处的农业产品（如粮、棉、油等）和林副产品（如香菇、木耳、山野菜等）及畜牧产品（牧畜、家禽等）的损失，其损失金额分别按不同品种和不同的现行市场价格进行计算 。其计算公式为：

$$D_2 = W \times P \tag{5-55}$$

式中　D_2—— 单位面积林产品价值（元）；

　　　W—— 单位面积林产品数量（元）；

　　　P—— 单位林产品价格（元）。

②固定资产损失。森林火灾中被烧毁的固定资产（含工业用和民用的建筑物、机器设备、仪器、仪表、车辆、船舶等），其损失金额按重置完全价值折旧方法计算，固定资产损失计算公式为：

$$A_2 = N \times P \tag{5-56}$$

式中　A_2——固定资产损失（元）；

　　　N——购值的价格；

　　　P——折旧率。

③流动资产损失。流动资产损失是指火灾中被烧毁的在森林生产经营过程中参加循环周转，不断改变其形态的资产损失，如原料、材料、燃料、在制品、半成品、成品等的损失，按不同流动资产的种类分别计算，其损失金额还应按购置时的价格减去残值，并加以汇总，计算公式如下：

$$A_3 = N - P \tag{5-57}$$

式中 A_3——流动资产损失(元);

N——购置时的价格;

P——残值。

④停工、停产、停业的损失。停工、停产、停业损失计算公式为:

$$A_4 = C_1 + C_2 + C_3 \tag{5-58}$$

式中 A_4——停工、停产、停业的损失(元);

C_1——停工的损失(元);

C_2——停业的损失(元);

C_3——停产的损失(元)。

a. 停工的损失

$$C_1 = W \times T \tag{5-59}$$

式中 C_1——停工的损失(元);

W——日工资总额(元/d);

T——停工时间(d)。

b. 停产的损失

$$C_2 = S \times T \times P \tag{5-60}$$

式中 C_2——停产的损失(元);

S——单位时间产品产量;

T——停工时间(d);

P——单位产品出厂价格。

c. 停业的损失

$$C_3 = Q \times T \tag{5-61}$$

式中 C_3——停业的损失(元);

Q——每日营业额(元/d);

T——停工时间(d)。

⑤森林火灾扑火消耗损失。森林火灾扑救消耗损失其计算公式为:

$$A_5 = B_1 + B_2 + B_3 \tag{5-62}$$

式中 A_5——扑火消耗损失(元);

B_1——车辆、飞机等租用费(元/h);

B_2——每扑救器材费(元);

B_3——扑火人员费用(工资、医疗费、抚恤金等)(元)。

a. 车辆等租用费。车辆等租用费计算公式为：

$$B_1 = R \times T \tag{5-63}$$

式中　B_1——车辆等租用费(元)；

　　　R——单位时间租赁费(元/h)；

　　　T——租用的时间(元)。

b. 扑救器材损失。扑救器材计算公式为：

$$B_2 = R_1 - R_2 \tag{5-64}$$

式中　B_2——扑救器材损失(元)；

　　　R_1——购置时的价格(元)；

　　　R_2——折旧费(元)。

c. 扑火人员消耗费。扑火人员消耗费用计算公式为：

$$B_3 = T_1 + T_2 + T_3 \tag{5-65}$$

式中　B_3——扑火人员消耗费(元)；

　　　T_1——扑火人员工资(元)；

　　　T_2——受伤人员医疗费(元)；

　　　T_3——死亡人员抚恤金(元)。

（2）生态效益损失

森林生态资源价值损失的计算公式为：

$$F_2 = C \times k \times M \tag{5-66}$$

式中　F_2——森林火灾直接经济损失(元)；

　　　C——森林生态经济价值；

　　　k——价值损失系数综合值；

　　　M——森林受灾面积。

我国的森林生态效益评价方法研究起步较晚，研究之初主要借鉴国外的研究结果。近年来，进行了大量的实验研究，在生态效益价值的评价方面取得了长足的进步。本研究在借鉴国内外相关研究的基础上总结出生态效益损失的计算数学式为：

$$U = U_{调} + U_{水质} + U_{固土} + U_{肥} + U_{SO_2} + U_{F吸收} + U_{氮氧化物} + U_{碳} + U_{氧} \tag{5-67}$$

式中　U——森林生态效益经济效益；

　　　$U_{调}$——林分年调节水量效益；

　　　$U_{水质}$——林分年净化水质效益；

　　　$U_{固土}$——林分年固土量效益；

$U_{肥}$——林分年保肥效益；

U_{SO_2}——森林对 SO_2 的吸收经济效益；

$U_{F吸收}$——森林对氟化物的吸收经济效益；

$U_{氮氧化物}$——森林吸收氮氧化物的经济效益；

$U_{碳}$——林分年固碳价值；

$U_{氧}$——林分年固氧价值。

5.3.4.3　森林涵养水源效益的经济价值

涵养水源价值森林的蓄水功能可体现在 3 个部分。首先是林木树冠，其次是林下落物，然后是土壤锁水。树木林冠是通过枝叶以及树木干提表面对降水资源的滞留；林下凋落物所形成的海绵体，存在很大的吸附空间，对降水的吸附起着较强的作用；在植被下的土壤因自身结构本身存在有很多间隙，当树冠与林下凋落物的吸附饱和后，土壤则会吸附多余的水分，且通过地下径流对土壤的湿润度进行自我调节。因此，森林资源的涵养水源价值与被评价地年降水量息息相关。根据 2008 年出台的《森林生态系统服务功能评估规范》确定，采用森林蓄水价值估算法作为本次研究的计算方法。森林年拦截水源量是根据森林区域的水平均降水量减去蒸发量及其他消耗的差，即

$$Y = A(P - E - C) \tag{5-68}$$

式中　Y——森林拦截水源量；

　　　A——森林拦蓄降水面积（hm^2）；

　　　P——降水量（mm/a）；

　　　E——蒸散量（mm/a）；

　　　C——地表径流量（mm/a），因为林区地表径流量很少，可以忽略不计。

（1）调节水量价值

$$U_{调} = 10C_{库}A(P - E - C) \tag{5-69}$$

式中　$U_{调}$——林分年调节水量价值（元/a）；

　　　$C_{库}$——水库建设单位库容投资（占地拆迁补偿、工程造价、维护费用等）（元/m^3）；

　　　A——林分面积（hm^2）；

　　　P——降水量（mm/a）；

　　　E——林分蒸散量（mm/a）；

　　　C——地表径流量（mm/a），因为林区地表径流量很少，可以忽略不计。

（2）净化水质价值

林地土壤具有良好的团粒结构，有适合于微生物生长的温湿条件，完整的地被层，使得森林林地比空旷地具有更强的净化功能。总之，活地被物截留和过滤、微生物对化合物的分解、地被物对离子的摄取、土壤颗粒的物理吸附作用、土壤对金属元素的化学吸附及沉淀等功能，使得经过森林生态系统的水质明显提高。

$$U_{水质} = 10KA(P - E - C) \tag{5-70}$$

式中　$U_{水质}$——林分年净化水质价值（元/a）；

　　　A——林分面积（hm^2）；

　　　P——降水量（mm/a）；

　　　E——林分蒸散量（mm/a）；

　　　C——地表径流量（mm/a）；

　　　K——水的净化费用（元/t）。

5.3.4.4　森林保育土壤的经济价值

本文研究森林的固土量的方法为土地机会成本法，根据土壤保持量和土壤表土平均厚度将森林减少突然爆发侵蚀的量换算为土地面积，再利用 N，P，K 单位面积的含量及市场价格来确定研究区域的土壤保育能力。

$$G_N = AN(X_2 - X_1) \tag{5-71}$$

式中　G_N——林分年固土量（t/a）；

　　　A——林分面积（hm^2）；

　　　N——土壤含氮量（%）；

　　　X_2——无林地土壤侵蚀模数[t/（$hm^2 \cdot a$）]；

　　　X_1——有林地土壤侵蚀模数[t/（$hm^2 \cdot a$）]。

$$G_P = AP(X_2 - X_1) \tag{5-72}$$

式中　G_P——减少的 P 流失量（t/a）；

　　　A——林分面积（hm^2）；

　　　P——土壤含 P 量（%）；

　　　X_2——无林地土壤侵蚀模数[t/（$hm^2 \cdot a$）]；

　　　X_1——林地土壤侵蚀模数[t/（$hm^2 \cdot a$）]。

$$G_K = AK(X_2 - X_1) \tag{5-73}$$

式中　G_K——减少的 K 流失量（t/a）；

　　　A——林分面积（hm^2）；

K——土壤含 K 量(%);

X_2——无林地土壤侵蚀模数$[t/(hm^2 \cdot a)]$;

X_1——林地土壤侵蚀模数$[t/(hm^2 \cdot a)]$。

(1)固土价值

以林分为单位,综合考虑面积、挖方量、运输量、土壤侵蚀数和土壤容重因子,森林的固土价值可采用以下公式计算:

$$U_{固土} = AC_{土}(X_2 - X_1)/P \tag{5-74}$$

式中 $U_{固土}$——林分年固土量价值(元/a);

A——林分面积(hm^2);

$C_{土}$——挖取和运输单位体积土方所需费用($元/m^3$);

X_2——无林地土壤侵蚀模数$[t/(hm^2 \cdot a)]$;

X_1——林地土壤侵蚀模数$[t/(hm^2 \cdot a)]$;

P——林地土壤容重(t/m^3)。

(2)保肥价值

以林分为单位,综合森林 N、P、K 元素的流失量和其固化物的市场价格,森林的保肥价值可采用以下公式计算:

$$U_{肥} = G_N C_N + G_p C_p + G_K C_K \tag{5-75}$$

式中 $U_{肥}$——林分年保肥价值(元/a);

G_N——年减少的 N 流失量(t/a);

G_P——年减少的 P 流失量(t/a);

G_K——年减少的 K 流失量(t/a);

C_N——碳酸氢铵价格 (元/t);

C_P——过磷酸钙价格 (元/t);

C_K——硫酸钾价格 (元/t)。

5.3.4.5 森林净化大气效益的经济价值

森林能将空气中的污染物吸附主流,从而减轻污染物对其他生物体的危害。气态的污染物随大气运动的过程中,被森林吸附。通过光合作用或植物的气孔,对有害气体进行吸收,降低空气中有害气体的浓度。森林的净化作用对我国目前出现的酸雨、粉尘、沙城暴、雾霾污染来说发挥重大的作用。本研究主要计算森林净化环境的三大指标的价值损失:吸收 SO_2 价值、吸收氟化物价值、吸收氮氧化物价值所带来的损失。评价方法为:森林年吸收有害气体总量与当年为减少此类气体政府投入资本乘积来确定森林的净化环境价值。

(1)森林吸收 SO_2 的价值

$$U_{SO_2} = A \times M \times P \tag{5-76}$$

式中　U_{SO_2}——森林对 SO_2 的吸收价值(元/a);

　　　A——林分面积(hm^2);

　　　M——林木对 SO_2 的年吸收能力$[kg/(hm^2 \cdot a)]$;

　　　P——SO_2 的投资及处理成本(元/a)。

(2)森林吸收氟化物的价值

$$U_{F吸收} = A \times M \times P \tag{5-77}$$

式中　$U_{F吸收}$——森林吸收氟化物的价值(元/a);

　　　A——林分面积(hm^2);

　　　M——树种对应的吸收能力$[kg/(hm^2 \cdot a)]$;

　　　P——氟化物处理成本(元/kg)。

(3)森林吸收氮氧化物的价值

$$U_{氮氧化物} = A \times M \times P \tag{5-78}$$

式中　$U_{氮氧化物}$——森林吸收氮氧化物的价值(元);

　　　A——林分面积(hm^2);

　　　M——树种的吸收能力$[kg/(hm^2 \cdot a)]$;

　　　P——处理成本(元/kg)。

5.3.4.6　森林固碳释氧效益的经济价值

固碳制氧是森林生态服务功能的主要组成部分。现阶段,全球变暖倍受国内外专家学者关注。森林生态这一复杂的系统中,植物通过光合作用和呼吸作用释放氧气。计算固碳释氧量有两种方法,分别为生物量法与蓄积量法。2000 年,郎奎建等人认为,森林固碳是蓄积量增长量在另一因变量的变化量。本研究对固碳释氧值是利用市场碳交易价格以及制氧成本为计算基础。

(1)固碳价值

$$U_{碳} = 1.63 \times B \times A \times R_{碳} \times C_{碳} \tag{5-79}$$

式中　$U_{碳}$——林分年固碳价值(元/a);

　　　$R_{碳}$——二氧化碳中的含碳量,为 26.27%;

　　　$C_{碳}$——固碳价格(元/t);

　　　A——林分面积(hm^2);

B——林分净生产力$[t/(hm^2 \cdot a)]$。

（2）制氧价值

随着空气污染加剧，人们对改善环境的愿望更加迫切，更加注重森林的生态效益的发挥。森林利用其光合作用对整个大气循环产生着至关重要的作用。那么，森林在制造氧气时到底产生多大的价值？计算方法可以参照如下公式：

$$U_氧 = 1.19 \times B \times A \times C_氧 \tag{5-80}$$

式中　$U_氧$——林分年固氧价值（元/a）；

　　　$C_氧$——制氧价格（元/t）；

　　　A——林分面积（hm^2）；

　　　B——林分净生产力$[t/(hm^2 \cdot a)]$。

参考文献

Chapman D M，高瑞平.1994. 澳大利亚森林火灾的管理与火生态的研究[J]. 应用生态学报，5(4)：409－414.

安林.1991. 森林防火知识问答[J]. 安徽林业(5)：19.

白尚斌.2008. 基于多智能体理论的林火蔓延模拟[D]. 北京：北京林业大学.

曹焕光.1992. 人工神经元网络原理[M]. 北京：气象出版社，67－81.

曾文英.2004. 森林防火监测预警系统的设计与实现[D]. 南昌：江西师范大学.

柴造坡，田常兰，李风芝，等.2009. 黑河地区林火分布规律[J]. 林业科技，34(4)：38－41.

常禹，布仁仓，胡远满，等.2004. 长白山森林景观边界动态变化研究应用[J]. 生态学报(1)：15－21.

车克钧，王金叶，党显荣，等.1994. 祁连山水源涵养林火险区划的研究[J]. 甘肃农业大学学报，29(2)：188－192.

陈崇成，李建微，唐丽玉，等.2005. 林火蔓延的计算机模拟与可视化研究进展[J]. 林业科学，41(5)：155－162.

陈建平，孔锐，段毅君，等.2009. 基于 CA 和神经网络的长江三角洲区域承载力定量分析[J]. 地质灾害与环境保护，20(1)：92－97.

陈建忠，刘剑斌，肖应忠，等.2010. 建阳市森林火灾时空分布特征[J]. 福建林学院学报，30(2)：119－122.

陈茂铃.1998. 森林燃烧的计算机模拟方法研究[J]. 林业资源管理(5)：66－69.

陈劭.2008. 林火扑救优效组合技术研究[D]. 北京：北京林业大学.

陈述彭.1998. 地球系统科学[M]. 北京：中国科学技术出版社.

陈彦光.2010. 地理数学方法：基础和应用[M]. 北京：科学出版社.

楚绪格.2005. 基于神经网的文本数据库挖掘[D]. 甘肃：兰州理工大学.

戴春胜，张明，魏延久.2006. 关于黑龙江省水资源配置总体布局问题的思考[J]. 黑龙江水利科技，34(2)：15-18.

单延龙，金森，李长江.2004. 国内外林火蔓延模型简介[J]. 森林防火(4)：8-21.

狄丽颖，孙仁义.2007. 中国森林火灾研究综述[J]. 灾害学，22(4)：118-123.

邸雪颖.1993. 林火预测预报[M]. 哈尔滨：东北林业大学出版社.

丁洪美.2007. 森林火灾全球共同的挑战[N]. 中国绿色时报，02-07.

冯海霞.2008. 基于3S技术的山东森林调节温度的生态服务功能研究[D]. 北京：北京林业大学.

高颖仪，杨美和.1987. 吉林省春秋森林防火期划分的研究[J]. 吉林林学院学报，3(3)：54-58.

高兆蔚.1995. 福建省森林防火区划研究[J]. 福建林学院学报，15(1)：76-82.

关文忠，韩丹.2004. 森林火险等级的模糊综合评判[J]. 森林工程，20(3)：17-19.

郭其乐，陈怀亮，邹春辉，等.2009. 河南近年来遥感监测的森林火灾时空分布规律分析[J]. 气象与环境科学，32(4)：29-32.

李福堂，张秋文.2005. 基于EOS/MOD1S的森林火灾监测模型及应用研究[D]. 武汉：华中科技大学，8-12.

李建微，陈崇成，於其之等.2005. 虚拟森林景观中林火蔓延模型及三维可视化表达[J]. 应用生态学报，16(5)：838-842.

李建微.2005. 面向林火蔓延的虚拟地理环境构建技术研究[D]. 福州：福州大学.

李文慧.2009. 长白山自然保护区风灾区火险等级评价与区划[D]. 吉林：东北师范大学.

李雪平，唐明辉.2005. 基于GIS的分组数据Logistic模型在滑坡稳定性评价中的应用[J]. 吉林大学学报，35(3)：361-365.

李亦秋.2009. 基于3S技术的丹江口库区及上游生态系统服务价值评价[D]. 北京：北京林业大学.

栗然，张锋奇.1998. 专家系统与人工神经网络的发展与结合[J]. 华北电力大学学报，25(2)：36-42.

梁芸.2002. 利用EOS/MODIS资料监测森林火情[J]. 遥感技术与应用，17(6)：310-312.

林年丰，汤沽，斯蔼，等.2006. 松嫩平原荒漠化的EOS-MODIS数据研究[J]. 第四纪研究，26(2)：265-273.

Andrews P L. 1986. Behave：fire behavior prediction and fuel modeling system-BURN subsystem [C]. USDA：Forest Service General Technical Report INT，194-198.

Antonio V' Jose M M. 2001. Spatial distribution of forest fires in Sierra de Credos (Central Spain) [J]. Forest Ecology and Management，147：55-65.

Stocks B J, Lynham T J, Lawson B D, *et al*. 1989. Canadian Forest Fire Danger Rating System: An Overview[J]. The Forestry Chronicle, 65(4): 258 – 265.

Bak P, Tang C. 1990. A forest – fire model and some thoughts on turbulence[J]. Physical Letters A, 47: 297 – 300.

Barros F J, Mendes M T. 1997. Forest fire modeling and simulation in the DELTA environment [J]. Simulation Practice and Theory, 5(3): 185 – 197.

Boles S H, Verbyla D L. 2000. Comparison of three AVHRR – based fire detection algorithms for interiorAlaska[J]. Remote Sensing of Environment, 72(1): 1 – 16.

Byungdoo Lee, Pil Sun Park , Joosang Chung. 2006. Temporal and spatial characteristics of forest firesin South Korea between 1970 and 2003[J]. International Journal of Wildland Fire (15): 389 – 396.

第6章 北京森林观测成果

本章通过展示北京地区森林观测试验成果，进而对前面几章的森林观测信息化技术进行有力的佐证，充分证实引领新时期森林观测信息化技术的主要方法，尤其以北京地区活立木材积精测技术及成果，对全国森林数表的编制及技术推广都具有极大的引领作用。

6.1 传统森林样地观测成果

6.1.1 北京市标准地简介

北京市森林资源监测标准地调查工作共计 34 块，其中乔木样地 30 块，灌木样地 4 块，主要分布在北京市海淀、密云、怀柔、平谷、延庆、门头沟、昌平等区县。标准地最小面积为 $60m \times 70m$，最大为 $100m \times 100m$，此外有一块样地位于北京石景山区首钢松林公园，面积达 $7hm^2$ 以上，每次共调查样木达20 600棵以上，标准样地现场监测图（图6-1）。

图6-1 标准样地现场监测

6.1.2 标准地调查的重要性

森林资源：稀有，珍贵，生态资源，资源锐减。

（1）森林三大效益

森林三大效益包括经济效益、生态环境效益和社会效益。

（2）森林六大功能

①净化空气，利于健康；

②美化环境，陶冶情操；

③蓄水保土，防风固沙；

④生产资源，造福人类；

⑤保护动物，平衡生态；

⑥防灾抗灾，巩固国防。

（3）森林计测的重要性

①可持续发展战略中具有重要地位；

②生态建设中具有首要地位；

③西部大开发中具有基础地位；

④应对气候变化中具有特殊地位。

6.1.3 野外标准地实测方法

①GPS结合全站仪测设标准地。

②每木检尺，包括树木三维坐标测量、树高及第一活枝下高测量、胸径和冠幅测量。

6.1.4 标准样地内业成果展示

北京市森林资源固定样地监测共计34个，自2005年样地建立并开始监测以来，取得丰富的监测数据，该样地最初主要通过经典的每木检尺进行监测，后来逐渐增加了电子全站仪树高测量、电子全站仪冠幅测量，多边形样地测量及手持式测树枪树高测量等，在完成北京市森林资源固定样地定位监测的同时，为丰富、验证和推广新技术和新设备作出巨大的贡献（表6-1至表6-7）（图6-2至图6-5）。

表 6-1　延庆八达岭 1 号标准地

地点：八达岭 1 号		样地号：				
自然植被：		演替阶段：				
坡向：	海拔：706m		林分类型：		坐标点：085	
坐标：X：415245　Y：4467476			二氧化碳：11：23～13：28			
样方号	编号	树种	2006 年胸径	2009 年胸径	2010 年胸径	2011 年胸径
八达岭 1 号	1	刺槐	10.9	11	11.4	11.4
1	2	刺槐	20	20.1	20.1	20.2
1	3	刺槐	10	10.2	10.2	10.3
1	4	刺槐	14.7	15	15	14.6
1	5	刺槐	14.3	14.5	14.5	17.8
1	6	刺槐	7.2	7.3	7.4	7.5
1	7	家榆	14.6	15.7	15.9	15.8
1	8	油松	22.5	24.3	24.3	24.4
1	9	油松	18.8	18.1	18.7	18.9
1	10	家榆	26.1	26.1	26.1	26.2
1	11	油松	19	20.1	20.3	20.5
1	12	油松	15.8	16.2	16.5	16.6
1	13	油松	15.3	15.5	16	17
1	14	油松	14.7	15	15.2	16.4
1	15	油松	14.6	15	15.2	15.5
1	16	油松	17.3	17.5	18.3	18.4
1	17	油松	12.6	13	13.1	13
1	18	油松	16	16.3	16.4	18.4
1	19	刺槐	15.2	15.4	17.5	17.6
1	20	油松	12.3	12.6	12.9	12.5
1	21	油松	31.3	31.8	32.2	32.8
1	22	油松	12	12.4	13.1	14
1	23	油松	20.1	20.3	21.4	21.7

（续）

样方号	编号	树种	2006 年胸径	2009 年胸径	2010 年胸径	2011 年胸径
1	24	油松	17.2	17.9	18.1	18.5
1	25	油松	19	20.4	21.5	21.7
1	26	油松	11.5	11.8	13.4	13.5
1	27	家榆	29	29.1	29.3	29
1	28	油松	15.9	16.2	16.5	16.6
1	29	油松	14.8	14.9	15.5	12.7
1	30	油松	18.6	19.6	19.8	20.1
1	31	油松	15.8	16	17.4	18
1	32	家榆	10.7	12	12.5	12.6
1	33	家榆	10.6	10.8	11	11.2
1	34	家榆	24	24.3	24.5	24.6
1	35	家榆	12	12.2	12.5	12.6
2	36	山杏	7	7.1	7.4	7.1
2	37	大叶白蜡	12.6	12.8	13	14.6
2	38	山荆子	8.4	8.8	8.7	8.9
2	39	小叶朴	8.9	9.1	10.3	8.8
2	40	小叶朴	9.2	9.7	9.7	9.9
2	41	小叶朴	8.4	8.8	8.9	9.3
2	42	小叶朴	8.3	8.7	8.9	9.2
2	43	山荆子	14.8	15.1	15.4	15.6
2	44	家榆	14.1	14.3	16.5	18.2
2	45	家榆	9.5	9.7	9.7	9.9
2	46	家榆	13.8	14	16.3	16.4
2	47	小叶朴	8.7	9.3	9.3	9.5
2	48	山杏	13	13.2	13.3	12.6
2	49	山杏	7.7	7.8	8	10.2

（续）

样方号	编号	树种	2006 年胸径	2009 年胸径	2010 年胸径	2011 年胸径
2	50	山杏	11	11	11. 2	kl
2	51	山杏	9. 3	9. 3	10	10. 3
2	52	家榆	25	27. 7	28. 1	30. 2
2	53	小叶朴	6. 1	6. 6	6. 6	6. 8
2	54	油松	12	13. 5	13. 5	12. 5
2	55	油松	18. 3	18. 4	19. 2	19. 7
2	56	油松	20. 9	21. 2	21. 2	20. 5
2	78	油松	14. 6	15. 1	15. 3	15. 2
2	57	油松	24. 4	24. 8	24. 9	25
2	58	油松	18. 9	20	21. 4	19. 5
2	59	油松	15. 7	16. 4	17	17. 5
2	60	油松	14. 3	14. 7	16. 3	17. 7
2	61	油松	16. 8	17	17. 7	19
2	62	油松	12. 9	13. 4	13. 7	14. 2
2	63	油松	15. 3	15. 8	16. 3	15. 4
2	64	油松	17. 5	17. 8	17. 9	18
3	65	油松	13. 9	14. 4	15. 1	15. 8
3	66	油松	18. 9	19. 1	19. 3	19. 4
3	67	油松	16. 9	17. 4	18. 3	19. 2
3	68	油松	25. 2	26. 9	27. 9	28. 1
3	69	油松	17. 7	18. 7	19. 9	20
3	70	山杏	6. 2	6. 3	6. 5	6. 6
3	71	小叶朴	12. 5	13	13. 2	13. 4
3	72	油松	15. 4	15. 8	16	16. 2
3	73	山杏	12	12. 3	12. 3	13. 9
3	74	杜梨	30. 9	31	31	30. 9

（续）

样方号	编号	树种	2006 年胸径	2009 年胸径	2010 年胸径	2011 年胸径
3	75	山杏	14.6	14.7	14.9	15.1
3	76	山杏	8.8	8.9	9	9.2
3	77	小叶朴	8.9	9.3	9.5	9.6
3	79	山杏	7.1	7.7	7.8	6.4
3	80	山杏	6.6	6.7	6.7	6.8
3	81	山杏	7.3	7.4	8.1	8.4
3	82	山杏	8.9	9	9	9
3	83	山杏	6.9	7	7.7	8
3	84	山杏	8.6	8.6	9	8.8
3	85	山杏	7.4	7.4	7.4	7.4
3	86	山杏	7	7.1	7.3	6.6
3	87	山杏	6	6.1	6.4	6.1
3	88	暴马丁香	22.3	22.5	25.6	25.7
3	89	山杏	6.0	6.5	6.7	7
3	90	山荆子	6.3	6.8	8	8.1
3	91	山杏	10.1	10.2	10.8	11.1
3	92	山杏	12	12.2	12.3	11.8
3	93	山杏	9	9.4	10.1	10.3
3	94	山杏	8	8.1	8.4	8.8
3	95	山杏	16.5	16.6	17	11.3
3	96	小叶朴	6.3	6.8	8.5	9.3
3	97	暴马丁香	19.4	19.8	22.3	22.5
4	98	山杏	9.3	9.4	9.5	9.6
4	99	家榆	20.5	21.5	24.8	25.2
4	100	家榆	7	7.4	7.6	16.9
4	101	山杏	7.3	7.5	7.8	8

（续）

样方号	编号	树种	2006 年胸径	2009 年胸径	2010 年胸径	2011 年胸径
4	102	小叶朴	8.2	8.3	8.6	9
4	103	家榆	19	21	21.2	21.3
4	104	刺槐	9	10.8	11	11.2
4	109	山杏	13.7	13.8	14	14.2
4	110	小叶朴	11.4	12.5	13.3	13.5
4	111	山杏	8.5	8.6	8.8	9
4	112	山杏	6.2	6.5	6.6	6.8
4	113	山杏	7.7	7.8	7.9	8
4	114	山杏	6.5	6.8	6.8	6.9
4	115	山杏	8	8.6	8.9	kl

表6-2　门头沟百花山1号样地

地点：百花山1号	样地号：	林分类型：		土壤特性：
自然植被：	演替阶段：	近自然度：		日期：
坡向：	坡度：	海拔：1213m		调查员：
样地坐标：X：380104　Y：4411250				二氧化碳：12：55~13：55

样方号	编号	树种	2006 年胸径	2009 年胸径	2010 年胸径	2011 年胸径
1	1	华北落叶松	12.7	13.4	12.5	12.4
1	2	华北落叶松	8.7	9.9	11.3	10.7
1	3	华北落叶松	11	11.6	12	12.2
1	4	华北落叶松	9.6	10.2	10.3	6.1
1	5	华北落叶松	8	8.8	9	9.4
1	6	华北落叶松	13.2	13.6	13.7	14
1	7	山杏	5.3	6.3	6.7	6.7
1	8	油松	14.2	15.5	16.2	16.9
1	9	华北落叶松	7.4	7.8	8.7	8.9
1	10	华北落叶松	9.3	10.2	10.2	10.2

（续）

样方号	编号	树种	2006 年胸径	2009 年胸径	2010 年胸径	2011 年胸径
1	11	华北落叶松	8.2	9.1	9.1	9
1	12	油松	5.2	5.9	7	6.7
1	13	核桃楸	23.5	25.8	25.8	25.9
1	14	暴马丁香	5.2	5.7	5.8	5.9
1	15	山杏	5	5.5	5.7	5.7
1	16	山杏	5.2	5.3	5.5	5.6
1	17	山杏	5.1	6	6.2	6.5
1	18	山杏	5.1	6.1	6.3	6.2
1	19	山杏	5.4	6.2	6.3	6.4
1	20	山杏	7.8	9.1	9.4	9.5
1	21	山杏	8.3	8.6	8.7	8.8
1	22	山杏	9.5	9.8	9.9	10.2
1	23	山杏	9.4	9.7	9.8	9.8
1	24	核桃楸	14.2	15	15.2	15
1	25	山杏	6.5	6.9	7	7.1
2	26	核桃楸	12.1	13.3	13.5	14.1
2	27	核桃楸	12.4	14.6	14.7	6.9
2	28	核桃楸	12.5	16.1	16.2	22.3
2	29	核桃楸	13.8	22.3	22.4	23.2
2	30	核桃楸	11	12.8	13	14.2
2	31	核桃楸	12.6	16.2	16.3	17.1
2	32	核桃楸	14.7	22.3	23.2	23.4
2	33	家榆	12.5	12.7	12.7	10.6
2	34	核桃楸	11	9.1	9.5	KL①
2	35	核桃楸	15	22.8	23.7	23.7
2	36	华北落叶松	10.7	12.3	13	13.5
2	37	华北落叶松	10.2	11.3	11.5	11.9
2	38	核桃楸	15.7	23.9	24.3	24.5
2	39	核桃楸	14.1	17.6	17.6	18.4
2	40	核桃楸	12.4	12.8	13	12.9

① 注：KL——已砍伐/病死。

（续）

样方号	编号	树种	2006 年胸径	2009 年胸径	2010 年胸径	2011 年胸径
3	41	核桃楸	14	15.5	16.2	16.3
3	42	核桃楸	14.1	15.5	15.8	16.2
3	43	暴马丁香	5.2	6.3	6.5	6.4
3	44	大叶白蜡	5	5.6	5.7	5.8
3	45	核桃楸	15.4	17.3	18	18.7
3	46	家榆	16.5	17.9	18.3	18.7
3	47	家榆	5.4	5.9	6	6.1
3	48	紫椴	5.1	5.6	5.8	6.2
3	49	核桃楸	16.6	18.7	19.6	20.6
3	50	青杨	22.7	25	26	26.1
3	51	青杨	27.1	30	30.9	31.2
3	52	大叶白蜡	6.4	6.7	6.8	6.9
3	53	核桃楸	7.9	9.2	9.3	10.2
3	54	核桃楸	13.2	14.1	14.2	14.5
3	55	核桃楸	11.7	13.4	13.5	13.5
3	56	核桃楸	15.2	15.9	16	17.2
3	57	落叶松	8	8.3	8.4	8.2
3	58	核桃楸	9.2	10.2	10.3	12.3
3	59	落叶松	8	8.3	8.5	8.6
3	60	核桃楸	10.9	12.4	12.5	12.8
3	61	核桃楸	9.1	9.9	10	10.2
3	62	落叶松	6.2	6.6	6.6	6.8
3	63	落叶松	6.4	6.7	6.8	6.9
3	64	落叶松	6.3	6.7	6.8	6.6
3	65	蒙古栎	9.6	10.9	11	11.2
3	66	大叶白蜡	8.5	8.9	9	9.6
3	67	山杏	5.2	5.8	5.9	6.5
3	68	核桃楸	32.2	26.3	26.8	27
3	69	核桃楸	8.8	KL	KL	KL
3	70	大叶白蜡	7.8	8.1	7.7	8.8

（续）

样方号	编号	树种	2006 年胸径	2009 年胸径	2010 年胸径	2011 年胸径
3	71	大叶白蜡	6	6.3	6.3	6.4
3	72	大叶白蜡	6.2	9.1	9.3	9.3
3	73	大叶白蜡	8.4	9.3	9.3	9.4
3	74	大叶白蜡	6.7	9.1	9.1	9
3	75	核桃楸	16	18	18.3	18.5
4	76	大叶白蜡	6.1	8.2	8.3	8.5
4	77	大叶白蜡	5.1	6.9	7	7.1
4	78	大叶白蜡	6	8	8.2	8.3
4	79	蒙古栎	10.9	16.4	16.5	16.5
4	80	紫椴	11.5	12.7	13	13.1
4	81	大叶白蜡	12.8	17.5	17.8	17.9
4	82	大叶白蜡	5.2	6.6	6.6	KL
4	83	核桃楸	11.2	14.1	14.8	15.3
4	84	蒙古栎	11.3	12.9	13	13.1
4	85	大叶白蜡	5.2	6.4	7.1	7.6
4	86	核桃楸	16.42	16.7	16.8	17.2
4	87	大叶白蜡	6.1	7.5	7.5	7.9
4	88	紫椴	6.2	7.2	7.2	7.1
4	89	核桃楸	11.8	13.6	14.3	15
4	90	暴马丁香	5.2	6	11.0	5.5
4	91	暴马丁香	5.6	6.5	6.7	6.4
4	92	紫椴	12.4	13.9	14.2	14.4
4	93	紫椴	13.5	15.4	15.6	16.3
4	94	紫椴	5.8	6.2	6.3	6.6
4	95	紫椴	13.2	20.5	20.8	21.3
4	96	核桃楸	8.8	13.5	14	14.2
4	97	核桃楸	11.1	19.1	20	21
4	98	暴马丁香	8.9	9.2	9.4	9.5
4	99	蒙古栎	10	21.2	21.9	22.1
4	100	蒙古栎	18	18.5	19	19.3

（续）

样方号	编号	树种	2006 年胸径	2009 年胸径	2010 年胸径	2011 年胸径
4	101	华北五针松	6.2	6.6	6.7	6.9
4	102	大叶白蜡	6.5	7	7.3	7.3
4	103	大叶白蜡	6.4	7.1	7.4	7.6
4	104	华北落叶松	21.5	22	22.2	22.4
4	105	华北落叶松	8	9.12	9.80	11.75
4	106	华北落叶松	20.5	21.1	21.3	21.6
4	107	华北落叶松	21	21.6	21.7	20.9
4	108	蒙古栎	6.8	7.3	7.5	7.6
4	109	蒙古栎	15.4	16.1	16.4	16.7
4	110	华北五针松	9	9.4	9.7	10.1
4	111	华北五针松	10.1	10.8	11	11.2
4	112	华北五针松	10	10.8	10.8	10.9
5	251	暴马丁香	16.2	9.6	9.7	10.1
5	252	山杏	10.8	7	7.7	7.7
5	253	大叶白蜡	5.3	8	8.4	8.5

表 6-3　怀柔喇叭沟门

地点：喇叭沟门	样地号：	林分类型：	土壤特性：		
自然植被：	演替阶段：	近自然度：	日期：		
坡向：	坡度：	海拔：	调查员：		
样地坐标：X：462230　Y：4528953			二氧化碳：10：40～11：45		

编号	树种	胸径	2009 年胸径	2010 年胸径	2011 年胸径
1	槲树	15.5	15.9	16.2	16.7
2	槲树	16.7	16.9	17.3	15.7
3	槲树	13.2	13.8	13.8	13.6
4	槲树	27	27.2	27.7	28
5	槲树	10	10.1	10.5	10.4
6	槲树	8.5	8.8	9	9.1
7	槲树	23.5	24	24	26

（续）

编号	树种	胸径	2009 年胸径	2010 年胸径	2011 年胸径
8	槲树	21.8	21.8	22	19.7
9	槲树	2	2.2	19.3	19.9
10	槲树	12.3	12.5	12.5	12.7
11	槲树	13.5	14.2	14.3	14.5
12	槲树	5.7	6.1	6.1	6.2
13	槲树	9	9.3	9.4	10
14	槲树	9.3	9.5	9.5	10.3
15	槲树	9	9.2	9.6	9.6
16	槲树	10	10.2	10.3	10.2
17	槲树	6.5	6.7	6.8	6.6
18	槲树	9.7	10.2	10.2	10.5
19	槲树	22.5	23.2	23.3	23.8
20	槲树	9	9.2	9.2	9.3
21	槲树	8.5	8.7	8.9	9.2
22	槲树	6.7	6.7	6.7	7.5
23	槲树	7.7	7.9	8.5	8.4
24	槲树	5.5	5.8	6	6.3
25	槲树	10	10.6	10.6	10.1
26	槲树	19	19.5	19.5	19.6
27	槲树	14	14.4	14.4	14.4
28	槲树	6.3	6.7	7	7
29	槲树	9	9.5	9.5	9.5
30	槲树	7.7	8.1	8.1	8.4
31	槲树	20.3	20.6	20.6	21.6
32	槲树	19	20	20	20
33	槲树	19	19.2	19.2	19
34	槲树	9.3	9.7	9.8	9.9
35	槲树	5.7	6.2	6.2	6.3
36	槲树	10.7	10.9	10.9	10.8
37	槲树	12.5	12.5	12.5	12.6

（续）

编号	树种	胸径	2009 年胸径	2010 年胸径	2011 年胸径
38	榆树	7.5	7.8	7.8	8
39	榆树	13.2	13.5	13.5	10.8
40	榆树	20	20	20	20.1
41	榆树	9.3	9.9	10	10.1
42	榆树	9.3	9.5	9.9	10.5
43	榆树	5.4	6	6.2	6.8
44	榆树	8.2	8.8	8.4	9.4
45	榆树	21	22	22	20.4
46	榆树	16.3	16.3	16.4	16.5
47	榆树	8.5	8.5	8.5	8.4
48	榆树	6.7	6.7	6.7	5.5
49	榆树	8.7	8.7	8.9	9
50	榆树	7.8	7.8	8	8
51	榆树	11.8	12.3	12.3	12.7
52	榆树	10.7	11.2	11.8	12.3
53	榆树	9.5	10.1	10.6	11.6
54	榆树	10	10	10	9.8
55	榆树	10.7	10.7	11	11.2
56	榆树	9	9.5	9.5	9.6
57	榆树	6.5	7.1	7.3	7.8
58	榆树	20.3	21.3	21.3	20.3
59	榆树	8	8.3	8.3	8.3
60	榆树	5.7	6	6	5.4
61	榆树	—	—	—	6.9
62	榆树	8	8.5	8.5	8.1
63	榆树	6.7	7.1	7.1	6.8
64	榆树	6	7	7	7.1
65	榆树	6	6.7	6.7	6.8
66	榆树	22.5	23.1	23.2	23.5
67	榆树	11.7	12.3	12.3	13

（续）

编号	树种	胸径	2009 年胸径	2010 年胸径	2011 年胸径
68	槲树	7.8	8.1	8.1	8
69	槲树	—	—	6	6.1
70	槲树	—	—	—	—
71	槲树	19.3	19.5	19.5	18.3
72	槲树	8.7	8.7	8.7	8.5
73	槲树	8	8.4	8.6	9.1
74	槲树	6.5	6.8	6.8	6.8
75	槲树	—	—	—	—
76	槲树	10.3	10.3	10.3	10.6
77	槲树	8.5	8.6	8.7	9
78	槲树	18	18	18.8	18.9
79	槲树	8.3	8.7	9	9
80	槲树	6.5	6.5	6.7	7
81	槲树	6.3	6.3	6.5	6.8
82	槲树	28	28	28	28.1
83	槲树	6.5	7	7	7
84	槲树	8.3	8.8	8.8	8.9
85	槲树	7.2	7.9	7.9	7.9
86	槲树	8.3	8.6	8.6	8.7
87	槲树	7	7.5	7.5	7.6
88	槲树	9	9.1	9.4	9.5
89	槲树	6.3	6.8	6.8	6.9
90	槲树	12	12.5	12.5	12.6
91	槲树	7.5	7.9	8.3	9
92	槲树	10.5	10.7	10.9	11.2
93	槲树	7	7.2	7.4	8
94	槲树	8.5	8.9	8.9	9
95	槲树	5.2	5.6	5.7	5.8

表 6-4 密云水源地西样地

地点：水源站西面		样地号：	林分类型：	土壤特性：
自然植被：		演替阶段：	近自然度：	日期：
坡向：		坡度：	海拔：227m	调查员：
样地坐标：X：380104 Y：4411250			坐标点：060	

样方号	编号	树种	2009 年胸径	2010 年胸径	2011 年胸径
1	1	麻栎	8	9.9	10
1	2	麻栎	6	6.3	6.6
1	3	麻栎	8.5	10.1	10
1	4	麻栎	8.3	9.3	9.5
1	5	麻栎	10.9	12.9	12.4
1	6	侧柏	6.2	6.9	6.8
1	7	侧柏	8.3	9.2	9.3
1	8	槲树	8.2	8.6	8.8
1	9	麻栎	6.7	6.9	7
1	10	麻栎	6.3	7.8	8.2
1	11	麻栎	8	8.9	9.3
1	12	山杏	18	18.3	18.3
1	13	麻栎	6.7	6.7	8
1	14	麻栎	7.8	9.9	10.1
1	15	麻栎	6.3	6.5	6.7
1	16	侧柏	5	6.7	6.7
1	17	麻栎	7.3	8.6	8.8
1	18	麻栎	5.2	5.4	7
1	19	槲树	6.7	6.9	5.9
1	20	麻栎	7	8.8	7.7
1	21	麻栎	6	6.8	7.2
1	22	麻栎	7.3	8.8	9.5
1	23	槲树	5.2	6.8	6.2
1	24	侧柏	6.5	8	8.3
1	25	侧柏	5.7	7.3	7.3
1	26	侧柏	6.9	8.3	8.3

（续）

样方号	编号	树种	2009 年胸径	2010 年胸径	2011 年胸径
1	27	侧柏	5	5.3	6.4
1	28	黄栌	6.7	6.9	7.6
1	29	麻栎	7	7.2	7.3
1	30	麻栎	8.9	8.9	11.2
1	31	麻栎	6.9	6.9	7
1	32	麻栎	5.5	5.6	6.5
1	33	麻栎	9.7	10.8	10.8
1	34	麻栎	7.9	9.2	8.7
1	35	油松	6.3	6.5	6.5
1	36	麻栎	7.5	8.6	8.7
1	37	侧柏	6	8.5	7.7
1	38	麻栎	7.3	8.8	8.9
1	39	侧柏	5.8	8	7
1	40	侧柏	5.3	5.5	5.6
1	41	麻栎	7.3	7.7	8
1	42	槲树	5.5	6.4	6.5
1	43	麻栎	7	7.3	7.5
1	44	槲树	5.5	5.2	5.4
1	45	麻栎	8.9	10.5	10
1	46	麻栎	7.7	10	9.8
1	47	栓皮栎	6.7	8.2	7.8
1	48	麻栎	7.2	7.4	7.8
1	49	槲树	7.9	11	10
1	50	麻栎	7	8.4	7
1	51	麻栎	6	6.7	6.9
1	52	刺槐	9	10.5	11
1	53	侧柏	6.2	6.8	6.8
1	54	麻栎	5.9	7.4	7.6
1	55	麻栎	6.9	8.5	8.8
1	56	麻栎	6	6.8	7

（续）

样方号	编号	树种	2009 年胸径	2010 年胸径	2011 年胸径
1	57	侧柏	4.5	5.6	5.6
1	58	侧柏	5.3	6.7	6.9
1	59	麻栎	6.7	7.7	7.6
1	60	麻栎	5.9	6.2	7.3
1	61	麻栎	4.7	6.8	7
1	62	槲树	6.3	7.3	7.1
1	63	麻栎	8.9	11.2	11
1	64	麻栎	8.7	11	10.8
1	65	槲树	5.7	7	7
1	66	麻栎	5.7	6.5	6.5
1	67	麻栎	9	11.7	10.3
1	68	槲树	8	9	9
1	69	侧柏	4.7	5.3	5.3
1	70	槲树	9.3	10.3	10.7
1	71	侧柏	5.2	5	6.4
1	72	侧柏	4.7	5	5.4
1	73	槲树	8.7	10.3	10.6
1	74	麻栎	6	6.3	6.4
1	75	麻栎	4.9	6.6	6.5
1	76	槲树	5.9	6.5	6.7
1	77	麻栎	6.3	7.5	7.8
1	78	麻栎	6.7	8.2	8.3
1	79	麻栎	5.6	5.8	5.9
1	80	侧柏	4.9	5.1	5.2
1	81	槲树	8.5	9	9.8
1	82	槲树	6.7	6.9	7.2
1	83	槲树	6.7	7.7	7.8
1	84	麻栎	5.8	6.5	6.5
1	85	麻栎	11.5	12.1	6.3
2	86	槲树	5.3	5.6	7

（续）

样方号	编号	树种	2009 年胸径	2010 年胸径	2011 年胸径
2	87	麻栎	6.7	7	7
2	88	麻栎	5.5	5.8	5.7
2	89	麻栎	5.9	6	6.2
2	90	麻栎	8.9	9.8	9.8
2	91	麻栎	11.3	13.8	14.1
2	92	麻栎	8.5	9	9.3
2	93	麻栎	6.7	7	7.4
2	94	麻栎	6.5	7.5	7.5
2	95	麻栎	8.4	10	9.8

表 6-5 平谷丫髻山

地点：平谷 1 号 - 丫髻山		样地号：	林分类型：	土壤特性：			
	自然植被：	演替阶段：	近自然度：	日期：			
	坡向：	坡度：	海拔：199m	调查员：			
样地坐标：X：498134　Y：4460972					二氧化碳：9：50~10：40		
样方号	编号	树种	胸径	树高	2009 年胸径	2010 年胸径	2011 年胸径
1	1	栾树	19.7	6	20	21.5	20.3
1	2	栓皮栎	19.5	9.8	19.8	19.8	20
1	3	栓皮栎	29.7	15.7	30.6	30.6	31
1	4	栓皮栎	28.8	16.7	29.6	30.5	31.5
1	5	刺槐	—	—	—	—	—
1	6	刺槐	27	12.7	27.3	27.5	kl
1	7	栓皮栎	28.5	16.7	28.9	30.8	31.9
1	8	栓皮栎	27	12.5	27.3	28.5	28.4
1	9	栓皮栎	29.3	11.7	29.5	30.5	31
1	10	栓皮栎	24.2	16.3	24.5	24.7	24.9
1	11	栓皮栎	24.5	15	25.2	26.3	26.5
1	12	黑枣	7	5.3	7.2	7.9	8.7

（续）

样方号	编号	树种	胸径	树高	2009 年胸径	2010 年胸径	2011 年胸径
1	13	栓皮栎	13	6	13.3	13.3	13.2
1	14	栓皮栎	24	15	24.2	24.4	24.8
1	15	栓皮栎	6	4	6.3	6.5	6.4
1	16	栓皮栎	—	—	—	—	—
1	17	栓皮栎	10	5	10.1	10.7	9.5
1	18	栓皮栎	17.7	8.5	17.7	18	17.6
1	19	栓皮栎	7	4	7.2	8.3	8.2
1	20	栓皮栎	19.8	16	20	21.3	21.3
1	21	栓皮栎	18.8	14	19	20.9	21
1	22	栓皮栎	20.7	8.9	21	22.3	22
1	23	栓皮栎	26	16.7	26.5	27.3	27.7
1	24	栓皮栎	10.2	6	10.2	10.7	10.8
1	25	栓皮栎	21	8.7	21.5	22	22.7
1	26	栓皮栎	24	16	24.5	26	25.8
1	27	栓皮栎	7.5	4.4	7.5	7.7	7.8
1	28	栓皮栎	18.5	9.5	18.8	20	19.4
1	29	栓皮栎	18.5	10.5	18.9	20	20.4
1	30	栓皮栎	6	1.7	6.2	6.4	6.5
1	31	栓皮栎	6.7	6.9	7.5	7.8	8.9
1	32	栓皮栎	24.9	15.7	25	26.4	27.4
1	33	栓皮栎	11.2	6.8	11.4	10.6	10.7
1	34	栓皮栎	11	6	11.2	12	12.3
1	35	栓皮栎	19.7	15.4	20.4	21.2	21.3
1	36	栓皮栎	19.8	16.5	20	21.3	21.5
1	37	栓皮栎	6.3	4.7	6.4	7.4	7.5
1	38	栓皮栎	16.5	16.5	16.7	18	18
2	160	栓皮栎	18.4	13.7	19.6	20.1	20.7
2	161	栓皮栎	17.9	13.9	19	19.7	19.5
2	162	栓皮栎	18.2	13.1	19.2	19.5	19.1
2	163	栓皮栎	7.3	4.4	8.3	8.7	9.2

（续）

样方号	编号	树种	胸径	树高	2009 年胸径	2010 年胸径	2011 年胸径
2	164	栓皮栎	11.8	5.9	12.9	13.9	14.5
2	165	栓皮栎	20.2	11.6	21	22.8	22.1
2	166	栓皮栎	22.6	12	24.6	24.7	25.5
2	167	栓皮栎	23	12.6	23.6	24.4	24.8
2	201	花椒	15.6	7.5	15.6	15.7	15.8
2	202	栓皮栎	27.7	14	29	29.6	29.7
2	203	栓皮栎	36	14.9	38	39	39.8
2	204	栓皮栎	27.9	15	28.6	29.2	30
2	205	栓皮栎	29.6	14.9	29.6	31.8	32
2	206	栓皮栎	26.6	14	28.2	28.5	28.7
2	207	栓皮栎	22.6	13.9	23.3	24.5	24.1
2	208	栓皮栎	21.9	13.6	23.6	24.1	24
2	209	栓皮栎	23.9	14	25.1	25.3	25.2
2	210	栓皮栎	23	13.4	24.2	25	24.7
2	211	栓皮栎	26.5	14	28.2	29.3	29
2	212	栓皮栎	12.3	8.6	12.9	13.2	13.3
2	213	栓皮栎	25	12.8	27	27.9	28.1
2	214	栓皮栎	12.7	6.3	14.1	14.5	14.5
2	215	栓皮栎	7.2	4	8.4	8.6	8.7
2	216	栓皮栎	13.7	7.4	14.6	15.5	15.6
2	217	栾树	5.9	3.7	6.9	5.9	6.3
2	218	花椒	7.6	4	8.6	9	8
2	219	栓皮栎	8.6	5	9.4	11.2	10.3
2	220	栓皮栎	14.7	6.6	15.2	15.4	15.6
2	221	栓皮栎	13.4	7.9	14.1	14.7	14.5
2	222	栓皮栎	13	10.7	13.5	14	14.2

（续）

样方号	编号	树种	胸径	树高	2009 年胸径	2010 年胸径	2011 年胸径
2	223	栓皮栎	15.3	10.6	16.6	16.8	17
2	224	栓皮栎	17.4	11	18.2	18.5	18.2
2	225	栓皮栎	11	7.8	11.5	11.5	11.5
2	226	栓皮栎	19.8	10.4	20.1	20.3	21.2
2	227	栓皮栎	6.4	4.3	6.9	7.3	7.2
2	228	栓皮栎	8.3	5.1	9	9	9.3
3	114	栓皮栎	6.7	5.1	7.7	7.8	8
3	115	栓皮栎	7	4.6	7.9	7.9	8
3	116	栓皮栎	16.3	10.8	16.9	17.2	17.5
3	117	栓皮栎	20.9	10.6	21.8	22	22.3
3	118	栓皮栎	8.9	4.7	9.9	9.9	10
3	119	栓皮栎	11	5.9	11.2	11.9	12
3	120	栓皮栎	8.9	4.6	9.6	9.7	9.9
3	121	栓皮栎	14.6	7.4	15.4	15.4	15.6
3	122	栓皮栎	7.9	4.3	8.1	8.3	9.2
3	123	栓皮栎	17.9	9.3	18.2	19.4	19.2
3	124	栓皮栎	5.4	4.1	5.6	5.8	5.4
3	125	栓皮栎	7.2	4.6	8.2	8.5	7.9
3	126	栓皮栎	9.1	4.4	10.1	10.2	10.5
3	127	栓皮栎	9.3	5.1	9.4	9.8	10.2
3	128	栓皮栎	17.8	11.6	18.8	19	19.5
3	129	栓皮栎	5.9	4.9	6	6.2	6.7
3	130	栓皮栎	7.2	5.3	8	8.7	8.3
3	131	栓皮栎	9.4	5.1	10.3	10.3	10.5
3	132	栾树	9.2	5.6	10.2	10.2	10.4
3	133	栓皮栎	19.7	11.6	20.6	21	20.7
3	134	栓皮栎	7	4.9	7.5	7.7	7.8

表 6-6 延庆松山样地

地点：松山 1 号	样地号：	林分类型：辽东栎	土壤特性：山地褐土	二氧化碳：14：37～15：22
自然植被：	演替阶段：	近自然度：	日期：	坐标点：084
坡向：	坡度：	海拔：707m	调查员：	
样地坐标：X：400196 Y：4487166				

样方号	编号	树种	胸径	树高	2009 年胸径	2010 年胸径	2011 年胸径
1	301	核桃楸	26.9	17.5	27.2	—	—
1	302	核桃楸	20.7	17.2	21.5	—	22.2
1	303	白蜡	13.6	13.5	14	—	—
1	304	辽东栎	29.4	12.5	30	30.2	30.3
1	305	辽东栎	17.3	12.8	17.5	17.5	17.6
1	306	蒙古栎	25.8	17.5	26	26.3	26.4
1	307	辽东栎	19.7	16.5	20	20.1	20
1	308	辽东栎	16.2	16	16.5	16.5	16.4
1	309	辽东栎	17.6	15.6	17.8	17.8	18
1	310	辽东栎	13.1	13.5	13.4	—	—
1	311	山榆	3.1	1.8	—	—	—
1	312	蒙古栎	25.1	17.8	25.6	15.8	26.2
1	313	山榆	2.8	2.9	—	—	—
1	314	山榆	3	3.5	—	—	17.5
1	315	辽东栎	20.4	16.2	20.7	20.8	21.3
1	316	辽东栎	2.4	1.7	—	—	—
1	317	辽东栎	30.3	17.1	30.5	30.6	28.6
1	318	辽东栎	13.9	15.5	14.2	14.3	14
1	319	辽东栎	21.7	15	—	22.4	22.5
1	320	辽东栎	26	15.8	26.6	26.6	27
1	321	辽东栎	3.7	3.5	—	—	—
1	322	辽东栎	4.3	4.5	—	—	—
1	323	辽东栎	4.4	4.8	—	—	—
1	324	辽东栎	23.7	17.2	23.9	24.8	24.8
1	325	辽东栎	3.3	1.6	—	—	—
1	326	辽东栎	15.6	14.8	15.7	15.7	15.7
1	327	辽东栎	2.2	1.5	—	—	—
1	328	辽东栎	25.6	15.5	26.1	—	18.1
1	329	辽东栎	17.9	12.5	18.2	—	19

（续）

样方号	编号	树种	胸径	树高	2009 年胸径	2010 年胸径	2011 年胸径
1	330	白蜡	2.2	4.2	—		
2	1	辽东栎	23.8	13.5	24	24.2	24.3
2	2	辽东栎	9.5	5	9.5	—	
2	3	辽东栎	21.3	14	21.5	21.6	21.7
2	4	辽东栎	20.8	15	21.4	21.5	21.7
2	5	辽东栎	14.8	11	15	17.3	15.4
2	6	辽东栎	13.8	10	14	14.1	14
2	7	山榆	2.1	2.5	—	—	—
2	8	桑树	2.6	2.8	—	—	—
2	9	辽东栎	19.2	11	19.4	16.5	16.5
2	10	桑树	8.5	5	9.1	9.1	8.7
2	11	辽东栎	24.5	14	25	—	25.4
2	12	辽东栎	15	13	15.4	15.4	15.1
2	13	辽东栎	19	15	19.4	19.7	19.8
2	14	辽东栎	3.2	2	—	—	—
2	15	辽东栎	17	15	17.3	17.5	17.2
2	16	辽东栎	20.3	13.5	20.5	21.6	21.8
2	17	辽东栎	21	14	21.3	17.5	21.5
2	18	辽东栎	17	13	17.3	—	—
2	19	白蜡	12.5	11.5	13.2	18.8	13.4
2	20	辽东栎	17.7	13.8	18	15.8	18.9
2	21	辽东栎	15.3	14.4	15.8	16.8	17
2	22	辽东栎	15.8	12.5	16.4	—	16.8
2	23	辽东栎	4.2	1.6	—	—	—
2	24	辽东栎	2.5	3	—	—	—
2	25	白蜡	1.4	1.6	—	—	—
2	26	白蜡	2	2.5	—	—	—
2	27	辽东栎	2.5	13.5	25.1	25.2	25.9
2	28	辽东栎	12.3	9.8	12.8	13.1	13.3
2	29	辽东栎	14.7	10.5	15.3	15.6	15.8
2	30	白蜡	1.5	2.5			

（续）

样方号	编号	树种	胸径	树高	2009 年胸径	2010 年胸径	2011 年胸径
2	31	辽东栎	3.8	12.3	24.3	24.4	28.5
2	32	辽东栎	5.3	3	5.3	—	—
2	33	辽东栎	6	5	6.2	6.5	6
2	34	辽东栎	10.2	6.5	10.5	—	—
2	35	辽东栎	21	12	21.3	22	22
2	36	辽东栎	12.5	11	12.9	13.2	13
2	37	辽东栎	16.7	12	17	17.4	17.6
2	38	辽东栎	3.5	3.5	—	—	—
2	39	辽东栎	3	2.2	—	—	23.1
2	40	辽东栎	20	12	20.1	20.5	20.4
2	41	辽东栎	23.8	14	24.3	24.4	24.8
2	42	辽东栎	16.5	13	16.7	—	17.4
2	43	辽东栎	20	14.5	20.3	—	20.6
3	60	辽东栎	21.3	11	21.5	22.1	22.3
3	61	白蜡	3	3.5	—	—	—
3	62	辽东栎	6	4	6.3	6.3	6.5
3	63	辽东栎	8	4.5	8.4	8.5	8.7
3	64	辽东栎	7.5	9	7.8	7.8	8
3	65	辽东栎	12.8	10	13	13	13.2

表 6-7 海淀西山样地

地点：西山 2 号	样地号：	林分类型：	土壤特性：			
自然植被：	演替阶段：	近自然度：	日期：			
坡向：	坡度：75.3m	海拔：	调查员：			
样地坐标：X：431619 Y：4434130				二氧化碳：9：37～11：46		
样方号	编号	树种	胸径	树高	2009 年胸径	2010 年胸径	2011 年胸径
1	1	油松	20.3	10.5	20.3	21.5	19.9
1	2	油松	16.8	10.2	17.2	17.2	17
1	3	油松	15.3	9.8	15.8	15.8	15

（续）

样方号	编号	树种	胸径	树高	2009 年胸径	2010 年胸径	2011 年胸径
1	4	油松	22.3	11.2	23	23.3	23
1	5	油松	14.1	8.9	15.3	15.3	15.3
1	6	油松	13.9	9	14.2	14.3	14.4
1	7	油松	15.3	9.8	15.7	15.7	15.9
1	8	油松	16.9	10.4	17.9	18.5	18.4
1	9	油松	16.2	10	16.5	16.6	16.1
1	10	油松	21.7	10.7	22.7	23	24
1	11	油松	15.9	8.2	17.7	17.7	15.8
1	12	油松	16.9	8.5	17.7	17.9	18.2
1	13	油松	12.3	8.3	12.6	12.8	12.7
1	14	油松	18.4	9.5	18.6	19	19
1	15	油松	12.3	5.8	12.6	12.6	12.7
1	16	油松	21.7	10.2	21.7	22.7	22
1	17	油松	18.7	9.2	18.9	19.2	19.2
1	18	油松	20.2	10.7	21	21.3	21.7
1	19	油松	20.2	10.9	21	21.6	21.3
1	20	油松	11.6	8.9	12.5	13	12.7
1	21	油松	13.7	8	14.7	14.8	14.8
1	22	油松	12.8	10	12.8	13.2	13.2
1	23	油松	17.7	10	18.1	18.4	18.5
2	24	油松	23.5	11.5	24.5	24.6	24.7
2	25	油松	18.2	9.9	18.2	18.6	18.9
2	26	油松	15.3	10.7	15.8	16.9	16
2	27	油松	20.5	11.5	20.5	20.7	20.6
2	28	油松	14	9.9	14.4	14.4	14.5
2	29	油松	15.9	10.3	16.7	16.7	16.7
2	30	油松	14.9	6.7	15.2	15.2	15.8
2	31	油松	18.7	10.4	19.7	19.7	19.6
2	32	油松	18.9	9.5	19.3	19.5	20.2
2	33	油松	12.9	9.4	13.6	13.8	13.7

（续）

样方号	编号	树种	胸径	树高	2009 年胸径	2010 年胸径	2011 年胸径
2	34	油松	15.2	9.5	16.4	16.4	15.5
2	35	油松	14.8	9	16.5	16.5	16.1
2	36	油松	16.9	9.7	16.9	17	16.8
2	37	油松	20.3	10.5	20.7	21	21
2	38	油松	16.9	10.3	17.1	17.5	17.6
2	39	油松	20.4	10.7	21.5	21.5	21.6
2	40	油松	18.7	9.6	19.1	19.1	19.5
2	41	油松	12	8.5	13	17.7	12.6
2	42	油松	19	8.3	19.7	19.7	20
2	43	油松	20.7	9.7	21.7	21.8	22
2	44	油松	17.4	9.3	17.5	18.7	17.6
2	45	油松	17.4	9.4	17.8	18.5	18.5
2	46	油松	12	8.3	12.5	12.7	12.5
3	47	油松	13.7	10.5	14.2	14.5	14.4
3	48	油松	18.1	11.5	18.5	20	20.3
3	49	油松	17.7	11.5	18.5	18.7	19
3	50	油松	17	9.8	17	17.4	17
3	51	油松	16.9	9.9	17.1	18.6	18.7
3	52	构树	6.1	3.7	6.8	6.8	6.8
3	53	油松	19.7	9.2	19.7	19.9	20.2
3	54	油松	19.9	9.5	20.3	20.3	21.3
3	55	油松	20.5	9.5	21.2	21.6	21.8
3	56	油松	12.5	8.9	12.5	12.5	12.4
3	57	黄栌	6.5	6.7	6.7	8.2	8.4
3	58	油松	7	6.3	8.3	8.6	8.8
3	59	油松	13.2	8.9	13.8	14.3	14.5
3	60	油松	15.3	9.3	15.5	16.1	16.1
3	61	油松	18.5	9.7	20.3	20.5	20.5
3	62	油松	22.9	9.5	23.4	24.3	24.5
3	63	油松	17.9	11.5	18.1	18.4	18.6

（续）

样方号	编号	树种	胸径	树高	2009 年胸径	2010 年胸径	2011 年胸径
3	64	油松	15.3	9.7	15.3	15.3	15
3	65	油松	19.3	11.3	20	20.1	20.5
3	66	油松	19.9	9.5	20.7	20.8	22
3	67	构树	6.7	5.3	6.7	8.9	93
3	68	油松	15.7	10.5	16.3	16.4	16.5
3	69	油松	15.3	9.7	15.3	15.4	17.5
3	70	构树	7.8	4.9	7.9	8	8.3
3	71	构树	6.9	4.5	6.9	7	7.6
3	72	油松	21.5	8.9	23.8	23.8	23.7
3	73	油松	18.7	9.3	20.5	20.7	21.9
3	74	构树	6.8	4.8	6.9	7	7.6
3	75	油松	17.2	7.7	17.4	20.1	19.2
3	76	油松	19.7	7.7	19.9	21	22.5
4	77	油松	16.1	4.8	16.3	16.5	16.4
4	78	油松	12.5	4.4	15.1	15.2	13.8
4	79	油松	18.9	6.2	20.1	20.4	19.5
4	80	油松	16.8	6.8	16.8	18.5	19
4	81	油松	10.8	5.9	10.8	11.8	11.7
4	82	油松	14.2	6.5	14.6	15.2	15.6
4	83	油松	18.9	8.3	20.2	21	21
4	84	油松	12.7	7.2	12.8	13	14.5
4	85	油松	18.9	9.5	20.5	21.1	20.5
4	86	油松	10.7	6.8	11.2	11.5	11.5
4	87	油松	13.9	7.3	14.7	15	15.5
4	88	油松	18.2	6.9	18.4	19.2	19.5
4	89	油松	14.7	6.9	14.9	15.5	15.7
4	90	油松	18.5	7.7	18.5	20.1	20
5	91	油松	13.9	5.6	14.1	15	13.1
5	92	黄栌	9.4	4.5	9.7	11.5	9
5	93	油松	16.9	8.5	16.9	19.2	18.8
5	94	油松	11.5	4.5	11.5	11.3	11.3
5	95	油松	7.9	4.8	7.9	8.5	8.1

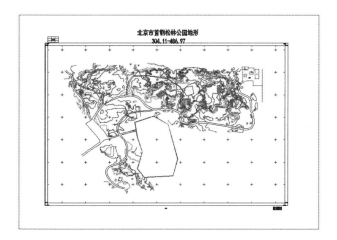

图 6-2 标准地地形

图 6-3 标准地 DEM 模型

北京首钢松林公园树种分布

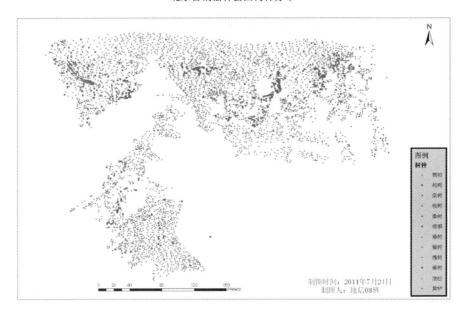

图 6-4　标准地树种分布

北京首钢松林公园三维树种分布

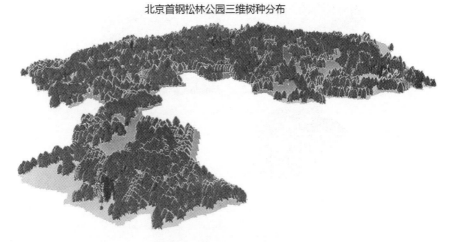

图 6-5　标准地三维模型

6.2 伐倒解析木观测成果

6.2.1 伐倒木树干解析外业工作

为了研究不同树种或不同立地条件下的同一树种的生长过程及特点，往往采取"解剖"的办法，把树木区分成若干段、锯取圆盘，进而分析其胸径、树高、材积、形数的生长变化规律，我们把这种方法称为树干解析。作为分析对象的这棵树干，称为解析木。树干解析是当前研究树木生长过程的基本方法。

6.2.1.1 解析木的选择

解析木的选择需要根据研究目的的不同选择不同类型的树木。例如，研究某一树种的一般生长过程，可选生长正常，未断梢及无病虫害的平均木；若是要研究树干生长与立地条件的关系或编制立地指数表，则可以选择优势木；若是要对方法进行论证研究，则应尽量选择树干饱满、通直的活立木。

6.2.1.2 解析木的伐前准备工作

树木伐倒前应记录选中对象的生长环境，包括解析木所处的林分状况、立地条件、解析木所属层次、发育等级和与相邻木的相互关系等，并绘制解析木及其相邻木的树冠投影图，以便较为准确的掌握树木原状(图6-6)。同时，还应确定根颈位置，标明胸高位置及树干的南北方向，并分东西、南北方向量测冠幅。

图6-6　解析木伐前准备示意

6.2.1.3　解析木的伐倒和测定

砍伐时，需要事先选择适当倒向，并作相应的场地清理，以利于伐倒后的量测和锯解工作的进行，然后从根颈处下锯，伐倒解析木。

先测定由根颈至第一个死枝和活枝在树干上的高度，然后打去枝丫，用粉笔在全树干上标明南、北方向。测量树的全高和全高的1/4、1/2及3/4处的直径(图6-7)。

图6-7　解析木的伐倒和测定

6.2.1.4 截取圆盘及圆盘编号

在测定树干全长的同时,将树干区分成若干段,在树干各分段位置截取圆盘,分段的长度和区分段个数与伐倒木区分求积法的要求一致。在实际测量中通常按 2m 为一个区段,在树干的 0m(底部)、1.3m(胸径)、2m、4m、6m…的位置处截取圆盘直至梢头,留下梢头。所余不足一个区分段长度的树干为梢头木,在梢头底直径的位置也必须截取圆盘(图 6-8)。

图 6-8 圆盘截取

但是,在截取圆盘时应注意:

①截锯圆盘应尽量与干轴垂直,不可偏斜,以恰好在区分段的中点位置上的圆盘面作为工作面,用来查数年轮和量测直径。

②圆盘不宜过厚,视树干直径大小的不同而定,一般以 2～5cm 为宜,直径大的可适当加厚。

③锯解时,尽量使断面平滑。

④在圆盘的非工作面上标明南北向,并以分式形式注记,分子为标准地号和解析木号,分母为圆盘号和断面高度,如 $\dfrac{No.3～1}{1～1.3m}$,根颈处圆盘为 0 号盘,其他圆盘的编号应依次向上编号。此外,在 0 号圆盘上应加注树种、采伐地点和时间等,如图 6-9 所示。

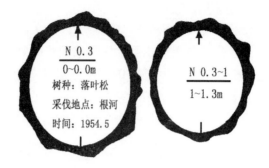

图 6-9　圆盘编号示意

6.2.2　伐倒木树干解析内业处理

6.2.2.1　圆盘抛光和干燥

为了准确查数圆盘上的年轮数，首先须将圆盘工作面刨光，然后，通过髓心划出东西、南北两条相互垂直的直径线。对于含水率比较高的树种，还需要进行干燥处理，以利于对圆盘正确解析和长期存储(图 6-10)。

图 6-10　圆盘抛光和干燥

(a)(b)为抛光过程　(c)为干燥过程

6.2.2.2　查数树木年轮，确定树木年龄

接下来，就可以查数各圆盘上的年轮个数。在"0"号圆盘上，分别沿各条半径线查数年轮数，待 4 条半径线上的年轮数完全一致后，用此确定树木的年龄(图 6-11、图 6-12)。如果伐根部位较高，须加上生长达此高度所需的年数。

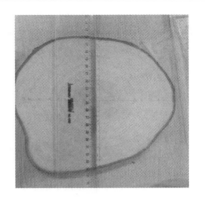

图 6-11 单木分段年轮   图 6-12 树木龄阶的确定

6.2.2.3 划分龄阶，测量各龄阶的直径

按树木的年龄大小、生长速度及分析树木生长的细致程度确定龄阶大小，一般可以定为 3 年、5 年或 10 年。在 0 号盘的两条直线上，由髓心向外按每个龄阶(3 年、5 年或 10 年等)标出各龄阶的位置，到最后如果年轮个数不足一个龄阶的年数时，则作为一个不完整的龄阶。

用大头针在其余圆盘的两条直径线上自外向内标出各龄阶的位置，若有不完整龄阶，则先将不完整龄阶留在圆盘最外围，再向内逐一标出各完整龄阶。如 32 年生的树，以 5 年为一龄阶，其龄阶划分为 32、30、25、20、15、10、5。如图 6-13 所示。

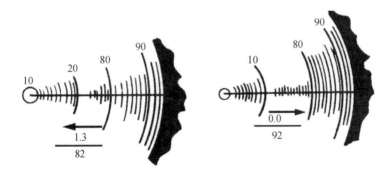

图 6-13 圆盘龄阶标定示意

确定龄阶后，用直尺分别在各圆盘东西和南北两向线上量取各龄阶及最后期间的去皮和带皮直径，平均后，即为该圆盘各龄阶的直径。将各龄阶直径填入设计好的表格，如图 6-14 所示。

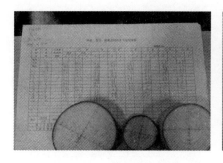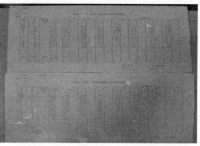

图 6-14   各龄阶直径填入设计好的表格

6.2.2.4   各龄阶树高的确定

树龄与各圆盘的年轮个数之差，即为林木生长到该断面高度所需要的年数。以断面高度为纵坐标，以生长到该断面高度所需要的年数为横坐标，绘制树高生长过程曲线(图 6-15)。各龄阶的树高，可以从曲线图上查出，也可以用内插方法按比例算出。

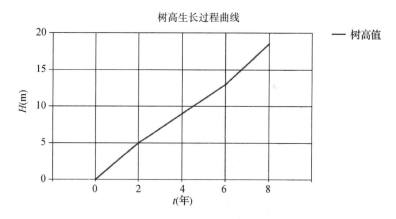

图 6-15   树高生长过程曲线

6.2.3   树干纵断面图绘制

以直径为横坐标，以树高为纵坐标，在各断面高的位置上，按各龄阶直径大小、绘制纵剖面图(图 6-16)，以使更直观的认识树干的生长情况。

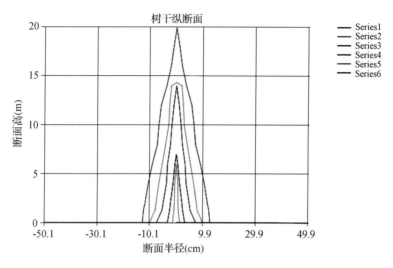

图 6-16　树干纵断面

6.2.4　伐倒解析木的材积测定

各龄阶的材积按伐倒木区分求积法计算。但是，除树干的带皮和去皮材积可直接计算外，其他各龄阶材积的计算，首先需要确定某个具体龄阶的梢头长度。它等于该龄阶树高减去等长区分段的总长度，由此可知梢头底断面在树干上的具体位置；然后再根据梢头底断面的位置来确定梢头底直径的大小。它可以从树干纵断面图上查出，也可以根据圆盘各龄阶直径的量测记录用内插法按比例算出。

6.2.4.1　用中央断面及平均断面求积式计算树干带皮材积

首先由树干 1m、3m、5m…高度处的带皮与去皮直径计算所需的数值，然后代入以下公式计算树干材积。

$$V_{中} = G_{\frac{1}{2}} \times L \tag{6-1}$$

$$V_{平} = \frac{G_0 + G}{2} \times L \tag{6-2}$$

梢头材积，根据梢头长度及梢头底面积值由公式：$V' = \frac{1}{3} g_n l' (l' \leqslant l)$ 计算。

$V_{中}$ 和 $V_{平}$ 计算的材积再分别加上梢头材积即为该树干的总材积值。

6.2.4.2　中央断面区分求积式计算树干材积

以2m为一区分段，由树干1m、3m、5m…高度处的带皮与去皮直径和区分段长，用圆柱体体积公式计算各区分段的材积，各段材积之和，再加上梢头材积即为整个树干材积。

6.2.4.3　平均断面区分求积式计算树干材积

以2m为一区分段，首先由树干1m、3m、5m…高度处的带皮与去皮直径，采用线性插值公式计算树高2m、4m…高度处的直径，并计算出该直径的相应断面积代入式(6-3)计算树干材积。

$$V_{平均} = \left(\frac{g_0 + g_n}{2} + \sum_1^{n-1} g_1 \right) l \tag{6-3}$$

梢头材积，根据梢头长度及梢头底面积值由公式：$V' = \frac{1}{3} g_n l' (l' \leqslant l)$ 计算。两者相加即为总的树干材积。

6.2.4.4　材积生长曲线图绘制

以树木材积为纵坐标，以所对应的年数为横坐标，绘制材积生长过程曲线，如图6-17所示。

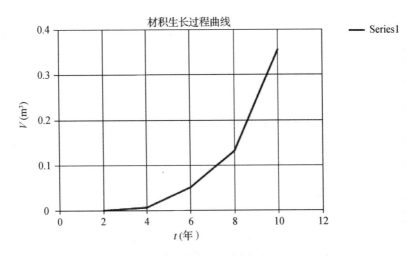

图6-17　材积生长过程曲线

6.3 电子经纬仪无伐倒活立木观测成果

6.3.1 电子经纬仪无伐倒活立木观测过程

6.3.1.1 准备工作

6.3.1.2 外业观测

①用胸径围尺量取 1.3m 胸径高位置，用粉笔画出一圈，做好标记。

②用胸径围尺量取活立木地径和胸径，记录在记事本中，如图 6-18、图 6-19 所示。

图 6-18　地径、胸径记录值

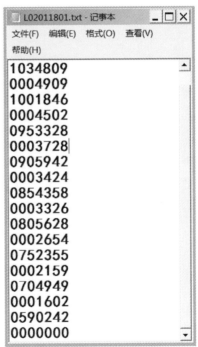

图 6-19　观测数据记录格式

③适当位置安置电子经纬仪，调整位置，观望树梢仰角是否适宜，直到观测舒适为止。

④从胸径高度处开始观测，使望远镜中横丝正好卡在粉笔线上，微调望

远镜镜头至活立木左边沿，关闭竖向制动旋钮，读取该位置水平度盘读数，保存；水平转动望远镜，直至瞄准活立木右边沿，读取该位置水平度盘读数，保存。

⑤松开竖向制动，向上抬高望远镜，重复上一个步骤，观测下一个断面，直至树梢位置。

⑥将一株活立木数据从电子经纬仪中导出，数据格式及记录如图 6-19 所示。

6.3.1.3　内业数据处理

打开活立木处理制图软件（Windows Forms Application1. exe），可以完成以下几项任务，如图 6-20 所示。

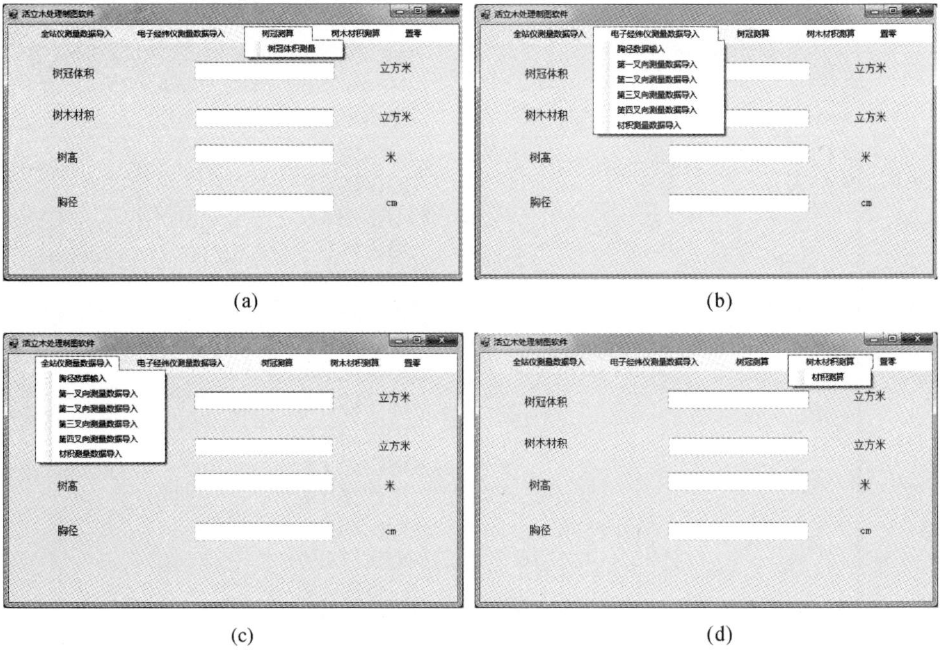

(a)　　　　　　　　　　　　　　　(b)

(c)　　　　　　　　　　　　　　　(d)

图 6-20　活立木处理制图软件

6.3.2　电子经纬活立木材积观测成果

每株活立木的材积测量计算结果，可以填入材积测量计算成果表中，见表 6-8，表中须注明树号、树种、材积、树高、胸径以及树心坐标（X、Y、Z）

等参数。

表 6-8 材积测量计算成果表（L0220130118）

树号	树种	材积	树高	胸径	X	Y	Z	径阶
1	108 杨树	0.9674	22.8929	37.60	4 402 870.546	426 159.500	45.60	38.00
2	108 杨树	0.9302	24.6505	33.80	4 402 867.025	426 156.100	44.80	34.00
3	108 杨树	0.2600	17.9616	19.60	4 402 864.226	426 154.700	44.70	20.00
4	108 杨树	0.5219	23.9967	24.80	4 402 862.370	426 153.200	44.00	24.00
5	108 杨树	0.9393	25.7433	30.70	4 402 860.413	426 152.700	43.40	30.00
6	108 杨树	0.1581	17.5179	14.60	4 402 862.811	426 155.500	43.00	14.00
7	108 杨树	0.3899	22.3842	20.90	4 402 864.207	426 154.700	43.40	20.00
8	108 杨树	0.2868	22.4066	18.90	4 402 864.227	426 154.500	43.50	18.00
9	108 杨树	0.1398	17.4360	14.20	4 402 865.953	426 154.000	44.30	14.00
10	108 杨树	0.4284	22.4648	23.30	4 402 865.646	426 153.200	44.40	24.00
11	108 杨树	0.3084	18.4591	20.80	4 402 866.238	426 151.300	45.00	20.00
12	108 杨树	0.8727	21.3579	33.20	4 402 865.463	426 149.100	45.30	34.00
13	108 杨树	0.5958	23.3725	25.70	4 402 867.117	426 154.200	45.70	26.00
14	108 杨树	0.0727	11.2295	11.90	4 402 868.944	426 156.700	45.60	12.00
15	108 杨树	0.9358	26.9839	29.40	4 402 870.888	426 160.400	46.30	30.00
16	108 杨树	0.2521	22.2201	17.70	4 402 872.802	426 163.400	45.50	18.00
17	108 杨树	0.1427	18.0190	13.50	4 402 874.633	426 161.700	44.70	14.00
18	108 杨树	0.3454	21.1636	21.50	4 402 875.298	426 161.800	44.70	22.00
19	108 杨树	0.1292	20.6589	13.10	4 402 876.783	426 161.300	45.30	14.00
20	108 杨树	0.1489	19.2556	13.70	4 402 877.101	426 159.100	44.00	14.00

6.3.3 无伐倒立木材积观测值统计分析

在观测的 99 株 108 杨经软件计算后，得到 8 ~ 32cm 径阶的 14 个样本，在对各样本的材积进行统计分析中发现，32cm 径阶的样本均方差 σ = 0.9465，远大于其他各样本值，且树高统计值也不合理被剔除，其他各样本的均方差 σ_{max} = 0.1303，σ_{min} = 0.0013，各组变量的分布比较集中，离散程度小；同时材积观测值统计 C_V 值偏小，证实数据稳定性好，值得信任；偏态系数 C_S 绝对值较小，且正偏与负偏数量相当，说明数据系列的对称性良好。

由此可见，利用光电经纬仪进行无伐倒立木观测材积的试验参数趋优，方法可行。光电经纬仪无伐倒立木观测材积统计参数见表 6-9。

表 6-9　光电经纬仪无伐倒立木观测材积统计

序号	径阶	观测棵	$\bar{V}$	$V_{\max}$	$V_{\min}$	σ	C_V	C_S
1	8	3	3	0.0354	0.0589	0.0166	0.4684	0.7064
2	10	4	4	0.0561	0.0671	0.0099	0.1758	−0.2101
3	12	3	3	0.0896	0.1123	0.0167	0.1859	0.4753
4	14	11	11	0.1269	0.1581	0.0239	0.1887	−1.1661
5	16	3	3	0.1960	0.1977	0.0013	0.0065	0.2681
6	18	8	8	0.2490	0.2868	0.0238	0.0957	0.0079
7	20	23	23	0.3173	0.4237	0.0580	0.1826	−0.0831
8	22	12	12	0.3928	0.5595	0.0747	0.1903	0.4829
9	24	10	10	0.4920	0.6029	0.0825	0.1677	−0.1850
10	26	8	8	0.6324	0.6898	0.0394	0.0623	−0.1823
11	28	6	6	0.8065	0.8643	0.0411	0.0510	−0.2540
12	30	5	5	0.8134	0.9393	0.1303	0.1601	−0.3545
13	32	3	3	0.9443	1.0299	0.9465	1.0024	1.0071

参考文献

冯仲科，王小昆. 2007. 电子角规测定森林蓄积量及生长量的基础理论与实践[J]. 北京林业大学学报(08)：40−44.

郭发智，殷耀国. 1990. 经纬仪测量立木高、径元素的研究[J]. 宁夏农学院学报(01)：68−74.

李炳凯. 2007. 谈涉林案件中一元材积表使用的现状和对策[J]. 林业资源管理(01)：69−71.

刘发林，曾思齐，鄢前飞. 2012. 数字式多功能测树仪的研制[J]. 中南林业科技大学学报(04)：41−44.

刘云伟，冯仲科，邓向瑞. 2007. 同一铅垂面两次设站法树高测量及其精度分析[J]. 北京林业大学学报(08)：57−60.

罗旭，程承旗，冯仲科. 2007. 树木直径生长的时间序列分析及模型预测[J]. 中南林业科技大学学报(02)：7 – 12. 王清军．2010. 集体林权制度改革背景下森林采伐管理体制变革研究——兼论森林法的完善[J]. 东南学术(05)：20 – 25.

吴鹏，丁访军，许丰伟．2011. 黔南马尾松人工林生长规律研究[J]. 中南林业科技大学学报(08)：51 – 55.

吴强．1999. 巨尾桉人工林蓄积量几种测定方法的探讨[J]. 林业勘察设计(01)：8 – 10.

张煜星，严恩萍，夏朝宗．2013. 基于多期遥感的三峡库区森林景观破碎化演变研究[J]. 中南林业科技大学学报(07)：1 – 7.